ADUBAÇÃO VERDE EM CULTIVOS AGROECOLÓGICOS EM AMBIENTE SEMIÁRIDO

Catalogação na Fonte
Elaborado por: Josefina A. S. Guedes
Bibliotecária CRB 9/870

A244a 2024

Adubação verde em cultivos agroecológicos em ambiente semiárido / Francisco Bezerra Neto, Francisco Nildo da Silva, Josinaldo Lopes Araújo Rocha, Luis Antonio Bittar Venturi (orgs.). 1. ed. – Curitiba: Appris, 2024.
206 p. ; 23 cm. – (Sustentabilidade, impacto e gestão ambiental).

Inclui referências.
ISBN 978-65-250-5393-6

1. Adubação verde. 2. Cultivos agrícolas. 3. Colheita - Qualidade. I. Bezerra Neto, Francisco. II. Silva, Francisco Nildo da. III. Rocha Josinaldo Lopes Araújo. IV. Venturi, Luis Antonio Bittar. V. Título. VI. Série.

CDD – 631.874

Livro de acordo com a normalização técnica da ABNT

Appris editora

Editora e Livraria Appris Ltda.
Av. Manoel Ribas, 2265 – Mercês
Curitiba/PR – CEP: 80810-002
Tel. (41) 3156 - 4731
www.editoraappris.com.br

Printed in Brazil
Impresso no Brasil

Francisco Bezerra Neto
Francisco Nildo da Silva
Josinaldo Lopes Araújo Rocha
Luis Antonio Bittar Venturi
(Orgs.)

ADUBAÇÃO VERDE EM CULTIVOS AGROECOLÓGICOS EM AMBIENTE SEMIÁRIDO

Appris editora

FICHA TÉCNICA

EDITORIAL	Augusto Coelho Sara C. de Andrade Coelho
COMITÊ EDITORIAL	Marli Caetano Andréa Barbosa Gouveia - UFPR Edmeire C. Pereira - UFPR Iraneide da Silva - UFC Jacques de Lima Ferreira - UP
SUPERVISOR DA PRODUÇÃO	Renata Cristina Lopes Miccelli
PRODUÇÃO EDITORIAL	Bruna Holmen
REVISÃO	Simone Ceré
DIAGRAMAÇÃO	Andrezza Libel
CAPA	Mateus Porfírio

COMITÊ CIENTÍFICO DA COLEÇÃO SUSTENTABILIDADE, IMPACTO, DIREITO E GESTÃO AMBIENTAL

DIREÇÃO CIENTÍFICA	**Belinda Cunha**	
CONSULTORES	Dr. José Renato Martins (Unimep)	Maria Cristina Basílio Crispim da Silva (UFPB)
	Dr. José Carlos de Oliveira (Unesp)	Iranice Gonçalves (Unipê)
	Fernando Joaquim Ferreira Maia (UFRPE)	Elisabete Maniglia (Unesp)
	Sérgio Augustin (UCS)	Prof. Dr. José Fernando Vidal de Souza (Uninove)
	Prof. Dr. Jorge Luís Mialhe (Unesp-Unimep)	Hertha Urquiza (UFPB)
	José Farias de Souza Filho (UFPB)	Talden Farias (UFPB)
	Zysman Neiman (Unifesp)	Caio César Torres Cavalcanti (FDUC)
INTERNACIONAIS	Edgardo Torres (Universidad Garcilaso de la Veja)	
	Ana Maria Antão Geraldes (Centro de Investigação de Montanha (CIMO), Instituto Politécnico de Bragança)	
	Maria Amélia Martins (Centro de Biologia Ambiental Universidade de Lisboa)	
	Dionisio Fernández de Gatta Sánchez (Facultad de Derecho. Universidad de Salamanca)	
	Alberto Lucarelli (Università degli Studi di Napoli Federico II)	
	Luiz Oosterbeek (Instituto Politécnico de Tomar)	

Francisco Bezerra Neto devota, in memoriam, aos seus avós paternos (Francisco Evangelista Bezerra e Maria Freire Bezerra) e avós maternos (Raimundo Nogueira de Souza e Abigail Gildia de Sousa), agricultores familiares, pelos ensinamentos da prática de cultivo de culturas para a sobrevivência.

Aos meus amados pais (Juscelino Evangelista Bezerra e Antonieta Lisboa Bezerra), também in memoriam, pelos seus brilhantes ensinamentos, dedicação e amor na minha caminhada agronômica.

Francisco Nildo da Silva oferece à sua irmã, Maria do Socorro da Silva, pela parceria e suporte na sua formação pessoal e profissional.

Josinaldo Lopes Araújo Rocha dedica aos seus pais (José dos Santos Araújo e Isaura Lopes Araújo), que, na sua simplicidade de semianalfabetos, lhe ensinaram os valores da vida na formação do caráter e do cultivo da terra, que dignifica o homem e provê sua principal fonte de alimento.

Dedica também à sua amada esposa e às filhas, pelo apoio, carinho e incentivo para continuar trabalhando em benefício da sociedade, em especial da região semiárida do Brasil.

Enfim, a todos que se dedicam às novas descobertas e tecnologias para melhorar as condições de vida daqueles que preferiram conviver e superar as dificuldades do semiárido brasileiro.

AGRADECIMENTOS

À Universidade Federal Rural do Semi-Árido (Ufersa), campus de Mossoró, pela possibilidade de formação de Francisco Bezerra Neto como docente e pela oportunidade de realização de pesquisas na área de Cultivos Agroecológicos.

À Universidade de São Paulo (USP), por oportunizar a Luis Antonio Bittar Venturi a participação como um dos Editores Técnicos desta publicação.

À Universidade Federal de Campina Grande (UFCG), campus de Pombal (CCTA), por possibilitar a Josinaldo Lopes Araújo Rocha, um dos Editores Técnicos deste livro, suporte necessário às pesquisas que contribuíram para sua formação como docente e pesquisador na área de Ciência do Solo.

À Universidade da Integração Internacional da Lusofonia Afro-Brasileira (Unilab), pela participação de Francisco Nildo da Silva como um dos Editores Técnicos desta publicação.

Ao Conselho Nacional de Desenvolvimento Científico e Tecnológico (CNPq), pelo apoio financeiro às pesquisas realizadas, que serviram para referenciar esta publicação.

Enfim, a todos os coautores que ofereceram seus conhecimentos para a realização desta obra.

PREFÁCIO

Este livro, denominado *Adubação verde em cultivos agroecológicos em ambiente semiárido*, chega ao mercado editorial em excelente momento por tratar de temas técnicos específicos relacionados com a prática da agricultura em bases ecológicas. Valoriza-se principalmente por apresentar o foco voltado para os ambientes semiáridos do interior do Nordeste brasileiro, que grosso modo representa cerca de 10% do território nacional.

Organizado por pesquisadores do tema, dentro de uma perspectiva agroecológica, recebeu a contribuição de 16 colaboradores responsáveis pelos nove capítulos, que o livro trata com esmero e muita propriedade. Revela-se como um documento único, em que os capítulos se encadeiam de forma a levar o leitor a utilizar tais informações como verdadeiro manual técnico-científico da agroecologia para o semiárido.

Em um contexto em que prevalecem pequenas e até mesmo minúsculas propriedades rurais de base familiar e de baixa produtividade, este livro certamente desempenhará um papel crucial no processo de valorização da agricultura familiar no interior do território.

Ao introduzir de imediato um conjunto de informações sobre as leis que regem a aplicação dos fertilizantes, fornece ao leitor parâmetros que permitem a utilização e aplicação de fertilizantes com critérios mais consistentes e menos empíricos. No capítulo seguinte, discorre sobre os procedimentos e técnicas voltadas para a aplicação da adubação verde e suas vantagens na perspectiva da agroecologia e, portanto, o interesse crescente pela agricultura orgânica que melhor se desenvolve nas pequenas áreas agrícolas no seio da agricultura familiar.

Os capítulos que se seguem vão progressivamente oferecendo informações cada vez mais específicas, de forma a possibilitar aos leitores e usuários um conjunto de dados que lhes permite avançar nas práticas agroecológicas com maior chance de sucesso.

Assim, conhecer os tipos de solos mais favoráveis para essas práticas agrícolas é um fator determinante para se empreender tais atividades agroecológicas. Quais coberturas de biomassa são as mais recomendáveis para serem utilizadas como adubação orgânica é outro fator determinante para o sucesso agrícola.

A análise de modelos matemáticos, a explicação do funcionamento de agrossistemas, as práticas dos cultivos utilizando a adubação verde, além de indicadores econômicos sobre a referida prática juntamente com os benefícios ambientais, são temas que se desenvolvem nos nove capítulos que compõem este livro, o qual, certamente, representará um impacto social e ambiental muito positivo à realidade do semiárido nordestino.

Jurandyr Luciano Sanches Ross
Professor Titular do Departamento de Geografia da USP, atuando na área de geomorfologia e gestão ambiental

SUMÁRIO

INTRODUÇÃO

Luis Antonio Bittar Venturi

O Brasil é considerado um dos principais produtores de alimentos do mundo e o agronegócio, que por vezes não está ligado à produção de alimentos, é sempre considerado um dos motores da economia, mesmo em tempos de crise (pandemia, por exemplo), além de ser laureado como um dos setores que mais contribuem para a exportação e, consequentemente, para a balança comercial.

Contudo, é um setor muito dependente de insumos agrícolas e o país figura como um dos maiores importadores desses produtos, que, por sua vez, possuem maior valor agregado do que as *commodities* agrícolas que exportamos[1]. Mesmo tendo os recursos naturais necessários para a produção de fertilizantes, como a reserva de silvinita (minério de potássio) de Nova Olinda do Norte (AM), considerada a maior do mundo; e mesmo dispondo de tecnologia bastante desenvolvida por órgãos como a Embrapa, ainda assim nossa dependência de fertilizantes está na ordem de 70%. Essa vulnerabilidade emergiu de forma inequívoca com a guerra da Rússia com a Ucrânia, dois grandes produtores e exportadores de insumos agrícolas.

Neste contexto, este livro reveste-se de grande importância, pois soma-se a esforços na direção de diminuirmos essa dependência, assim como desenvolvermos uma agricultura mais sustentável e acessível. Uma agricultura ambientalmente mais correta e socialmente mais justa.

O livro sistematiza um amplo espectro de informações sobre a temática, como descrevemos, a seguir, de forma resumida.

O Capítulo 1 traz um conhecimento essencial e introdutório que irá subsidiar os capítulos subsequentes. Resgata e organiza um conhecimento histórico pelo qual foram se desenvolvendo diversas leis da fertilização. Descreve-as com clareza e alerta para o rigor técnico que deve orientar a fertilização, sob pena de se aumentar os custos da produção sem que ela mesma aumente. Finaliza chamando atenção para a adubação verde e outras práticas sustentáveis, capazes de gerar aumento na produção agrícola sem custos altos ou danos ao meio ambiente.

---

[1] Brasil, China e Índia consomem 45% de toda a produção mundial de potássio, por exemplo (VENTURI, L.A.B. *Recursos naturais do Brasil*. Curitiba: Appris: Fapesp, 2021. p. 166).

O Capítulo 2 trata da adubação verde propriamente dita. Inicia-se com definições de adubação verde e orgânica e como elas se situam no contexto da agricultura orgânica e da agroecologia. Em seguida, apresenta as características ideais das plantas a serem utilizadas na adubação verde, descrevendo com detalhes todos os benefícios e vantagens sociais, ambientais e econômicas desse procedimento. Então, o capítulo descreve alguns cuidados que se deve ter no uso da adubação verde, e os aspectos naturais que a influenciam, como as condições climáticas e edáficas.

O Capítulo 3 traz uma caracterização detalhada dos solos e da biomassa do semiárido nordestino. Elenca todos os tipos de solos que ocorrem na região, apresentando seus locais de ocorrência, características gerais e limitações de uso. Em relação à biomassa, o foco está nas espécies que podem ser usadas na adubação verde, que aqui é mais uma vez analisada, assim como nos capítulos 2 e 6.

O Capítulo 4 analisa diversos modelos matemáticos que podem ser usados para se avaliar a eficiência da adubação e das respostas dos cultivos a ela. Traz diversos exemplos de modelos e explicações de como utilizá-los. Aqui, o leitor deverá estar relativamente familiarizado com modelos matemáticos para extrair o máximo do conteúdo do capítulo.

O Capítulo 5, por sua vez, trata de cultivos agroecológicos. Explica a estrutura e o funcionamento de agroecossistemas que orientam a agricultura agroecológica (ou de base ecológica), enumerando as diversas vantagens sobre a agricultura tradicional no que se refere à preservação ambiental e bem-estar social. Exemplifica, com base em estudos já realizados, as formas corretas de manejo do solo, plantio direto, compostagem, entre outras práticas sustentáveis, com especial atenção à adubação verde e seus benefícios econômicos e ambientais.

O Capítulo 6 inicia-se descrevendo as vantagens da adubação verde e, em seguida, apresenta diversos estudos sobre seu uso, atentando para espécies utilizadas e as dosagens ideais para a obtenção de máxima produtividade agrícola e eficiência econômica. Os estudos focam diferentes cultivos, como hortaliças folhosas (alface, coentro, couve e rúcula), culturas tuberosas (batata-doce, beterraba, cenoura e rabanete), leguminosas (feijão-caupi), além de culturas consorciadas (folhosa-folhosa, tuberosa-folhosa, leguminosa-tuberosa, entre outras combinações).

O Capítulo 7 difere um pouco dos demais, pois não trata diretamente da adubação verde, mas de indicadores econômicos que podem nortear a gestão de cultivos em sistemas agroecológicos. Entre tais indicadores estão os custos total e operacional, a manutenção e conservação, depreciação, rendas bruta e líquida, entre outros. Ressalta a importância da educação financeira dos agricultores familiares para a otimização da produção e dos lucros, atentando também para os aspectos sociais e ambientais. Como muitos produtores rurais não dispõem deste conhecimento financeiro específico, os autores chamam atenção para o papel dos órgãos estatais de apoio à agricultura familiar.

No Capítulo 8, após breve introdução sobre as vantagens em geral da adubação verde, elencam-se de forma mais detalhada os impactos positivos que essa prática pode promover nos solos do semiárido, como a descompactação, a ciclagem de nutrientes, o controle de nematoides e de pragas, plantas daninhas e doenças em geral, a proteção contra a erosão e o aumento da população microbiológica. Ressalta também os impactos positivos da adubação verde relacionados à maior absorção de fósforo pelos solos.

O Capítulo 9 apresenta as qualidades obtidas na pós-colheita das culturas que utilizam adubação verde. Destacam-se atributos como aparência, textura, coloração, sabor, firmeza, além do valor nutricional relacionado a compostos bioativos, como a vitamina C, os fenóis, os flavonoides e os carotenoides. Apresenta, também, diversos resultados de pesquisas realizadas com frutos, raízes e tubérculos e hortaliças folhosas.

Após essa breve exposição dos capítulos, podemos afirmar que todos aqueles que se interessam por esta temática, ao lerem este livro, irão adquirir um vasto conhecimento sobre a adubação verde e suas especificidades no ambiente semiárido. Um conhecimento preciso em relação às espécies usadas, as dosagens, os resultados já obtidos em outros estudos e às formas de mensuração da produtividade. Um conhecimento revestido de pragmatismo, que poderá ser aplicado por todos aqueles que se ocupam, seja na academia ou no campo, da agricultura do semiárido nordestino.

Capítulo 1

LEIS GERAIS DE APLICAÇÃO DE FERTILIZANTES

Francisco Bezerra Neto
Josinaldo Lopes Araújo Rocha

1.1 ASPECTOS GERAIS

O aumento da rentabilidade da produção agrícola e a manutenção da fertilidade do solo são pressupostos básicos da agricultura moderna, de sua sustentabilidade e qualidade dos alimentos produzidos. Nesse sentido, a manutenção ou elevação da fertilidade do solo pode contribuir com a sustentabilidade ambiental, na medida em que se eleva a produtividade das culturas, diminuindo a exploração de novas áreas naturais, bem como evitando-se as perdas de solo e nutrientes por erosão, especialmente quando se respeitam os pressupostos básicos ou leis gerais da adubação.

De acordo com Raij (1981), entende-se como solo fértil aquele que contém, em quantidades suficientes e balanceadas, todos os elementos essenciais, denominados macro (N, P, K, Ca, Mg e S) e micronutrientes minerais (B, Cu, Cl, Fe, Mn, Mo, Ni e Zn), em formas absorvíveis pelas plantas. Por sua vez, o solo produtivo é aquele que, sendo fértil, se encontra localizado numa zona climática capaz de proporcionar suficiente umidade, luz, calor etc., para bom desenvolvimento das plantas nele cultivadas.

A fertilidade adequada do solo pode ser alcançada por meio de práticas de adubação, que têm como objetivo fornecer ou melhorar os teores de nutrientes do solo, para que estes estejam disponíveis em níveis adequados ao desenvolvimento vegetal. Essas práticas seguem algumas leis ou princípios fundamentais para aplicação criteriosa de fertilizantes.

1.2 DESCRIÇÃO DAS LEIS GERAIS DA ADUBAÇÃO

A seguir são apresentadas as Leis Gerais da Adubação, também denominadas de Leis da Fertilidade do Solo.

1.2.1 Lei de restituição de elementos removidos por colheitas

O crescimento de uma cultura é uma consequência da incorporação de nutrientes minerais retirados do solo e da atmosfera. A lei da restituição foi estudada e formulada por Boussingault na França e por Lawes Gilbert na Grã-Bretanha. De acordo com essa lei, é essencial, para que o solo não se esgote, que todos os elementos essenciais minerais retirados dele durante a colheita sejam devolvidos. Assim, o solo é assumido como o reservatório de nutrientes para as plantas. Como consequência, após a colheita das culturas, os nutrientes são removidos dos solos, tornando-os inférteis. Mas, neste caso, se a fertilidade do solo for mantida, os nutrientes retirados na colheita devem ser devolvidos. Esta lei inclui apenas a reposição dos nutrientes removidos pela colheita. Mas alguns outros elementos que estavam disponíveis nos solos desapareceram devido à natureza antagônica dos elementos nutritivos aplicados. Portanto, para que a fertilidade do solo seja mantida, é preciso repor os elementos retirados pela colheita, lixiviados pelas chuvas e também pelo desaparecimento.

Na Tabela 1 é apresentado um exemplo da quantidade de nutrientes extraídos do solo pela cultura do meloeiro amarelo irrigado. Como pode ser observado, a quantidade de nutrientes retirada pela cultura aumenta com a idade das plantas, em decorrência do aumento da produção de massa seca vegetal total. Destaca-se neste exemplo específico que a quantidade de K (potássio) extraída pelo meloeiro amarelo aos 63 dias após o plantio (235,16 kg ha^{-1}) representa 283 kg ha^{-1} de K_2O ou 489 kg ha^{-1} do fertilizante cloreto de potássio (58% de K_2O). Evidentemente, cada cultura possui uma capacidade de extrair nutrientes do solo, e isso deve ser levado em consideração nos diversos sistemas de produção, de modo que os cultivos não declinem a fertilidade do solo e mantenham-no produtivo.

Tabela 1 – Quantidades de massa seca total (MST), macro e micronutrientes extraídos pelo meloeiro amarelo (Goldex) em sistema fertirrigado, na região de Mossoró (RN)

Idade (dias)	**MST**	**N**	**P**	**K**	**Ca**	**Mg**
	-----------------	-----------------	-----------------	kg ha^{-1}	-----------------	-----------------
14	4,3	2,16	0,19	1,85	4,17	0,54
21	36,0	8,72	0,92	13,89	19,92	3,72
28	168,8	34,07	5,58	50,88	81,17	16,28
35	891,9	69,26	10,61	103,76	93,63	25,44
42	2.521,2	76,48	18,86	129,98	94,03	30,50
49	3.219,6	98,53	14,81	156,65	115,99	37,50
56	3.913,8	115,09	9,64	203,50	203,36	50,04
63	4.626,8	109,29	11,51	235,16	196,43	53,18
70	3.949,8	114,74	12,70	221,96	196,81	47,49
Idade (dias)	**S**	**B**	**Cu**	**Fe**	**Mn**	**Zn**
	--kg ha^{-1}--	-----------------	-----------------	g ha^{-1}	-----------------	-----------------
14	0,22	1,87	0,47	15,40	3,08	2,90
21	2,02	9,78	4,71	140,14	22,03	10,72
28	8,24	43,41	8,78	329,86	77,55	32,09
35	12,25	80,37	10,54	793,25	64,41	68,93
42	22,24	126,33	40,92	982,42	163,91	105,34
49	17,38	159,75	90,72	1.088,79	230,36	139,04
56	21,63	139,96	36,11	1.641,85	364,88	169,87
63	25,41	135,16	30,30	2.315,48	524,75	225,50
70	25,11	194,15	26,31	5.035,67	204,19	224,14

Fonte: Oliveira *et al.* (2016)

Ainda de acordo com a Tabela 1, podemos abstrair que as doses de nutrientes a serem fornecidas ao longo do ciclo das culturas devem ser proporcionais às quantidades exigidas em cada fase fenológica da planta. Contudo, em condições de campo, esta distribuição normalmente é feita apenas para o N e o K, devido à maior possibilidade de perdas por volatilização (nitrogênio) e lixiviação (potássio) (NOVAIS *et al.*, 2007). Finalmente, destaca-se que as quantidades extraídas de nutrientes (Tabela 1) variam com a espécie e também com a cultivar, devido à sua capacidade de absorção de nutrientes e produção de massa seca (OLIVEIRA *et al.*, 2016).

1.2.2 Lei do mínimo ou de Liebig

Esta lei foi enunciada em 1840 pelo alemão Justus von Liebig. Ela considera que "Se um nutriente de uma cultura estiver ausente ou deficiente, o crescimento da planta será ruim, mesmo que os outros elementos sejam abundantes" (LIEBIG, 1840 *apud* MALAVOLTA, 1981, p. 23). De forma mais prática, "os rendimentos colhidos são proporcionais à quantidade mínima de elementos fertilizantes presentes no solo em relação às necessidades das plantas" (LIEBIG, 1840 *apud* MALAVOLTA, 2006, p. 540). Esta lei sugere que o crescimento das plantas seja controlado não pela quantidade total de nutrientes ou recursos disponíveis, mas pela disponibilidade do recurso mais escasso em relação às necessidades das plantas.

De forma simplista, a água pode ser vista como um desses recursos. Como se sabe, não importa quantos outros recursos existam no solo para as culturas, sem água as plantas não crescerão adequadamente.

Um fato curioso sobre esta lei é que Carl S. Sprengel (1787-1859), mesmo antes de Liebig, já se havia feito um esboço do que viria se tornar a Lei do mínimo, expondo que "o solo era um substrato favorável ao crescimento do vegetal, entretanto, na ausência de algum dos elementos, isso iria influenciar negativamente no seu desenvolvimento" (SALDANHA *et al.*, 2016, p. 14). A Lei de Liebig é frequentemente descrita como um barril de madeira com diferentes comprimentos de tábuas (Figura 1), onde cada tábua representa um recurso diferente. A quantidade de água que pode ser retida no barril (uma analogia para o crescimento das plantas) é obviamente determinada pelo comprimento da tábua mais curta (a disponibilidade do recurso mais escasso). Embora Liebig não seja o idealizador absoluto da Lei do mínimo, como já mencionado, esta lei é tão importante na agricultura que no museu de Liebig, localizado na cidade de Giesen, na Alemanha, há uma escultura de um barril de madeira para representar a Lei do mínimo, que lhe deu fama.

Figura 1 – Modelo de barril de madeira de Liebig

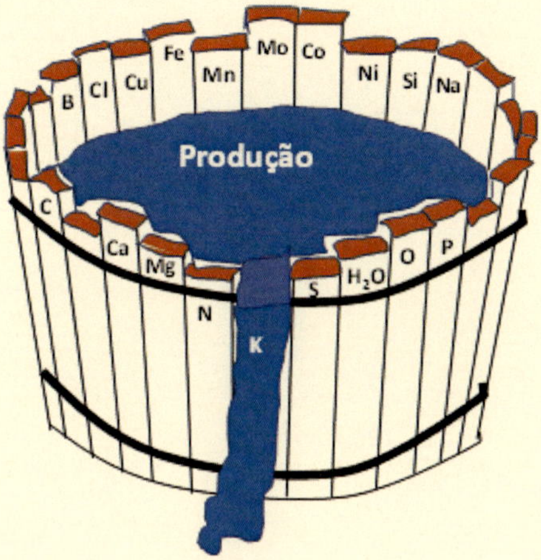

Fonte: adaptado de Hasanuzzaman (2023)

Diante disso, pode-se observar que a insuficiência de um elemento disponível no solo reduz a eficácia de outros elementos e, consequentemente, diminui o rendimento das colheitas. Sabe-se que o crescimento e o rendimento das culturas são determinados pela presença do elemento que está no nível mínimo. Suponha que um solo seja fertilizado com N, P e K, mas Mg e outros elementos estejam presentes em níveis abaixo do ótimo. Aqui o Mg limitará o crescimento e o rendimento da cultura (Figura 1). Esta lei estabelece uma proporcionalidade direta entre a quantidade do fator limitante da produção, um nutriente, e a colheita, que se define pela equação: $\mathbf{\hat{Y} = b_0 + b_1X}$, onde **Y** é a colheita obtida com a quantidade **X** do fator limitante da produção; $\mathbf{b_0}$ é a produção Y sem adição de **X** e $\mathbf{b_1}$ é o coeficiente angular da reta que mede a influência maior ou menor do nutriente.

A Figura 2 representa o aspecto quantitativo da lei, que, sendo linear, possui validade somente para a região "**A**" da curva ($\mathbf{N_0 - N_1}$), uma vez que doses adicionais geram resposta curvilinear ($N_1 - N_2$).

Figura 2 – Curva hipotética de resposta à adição de um nutriente

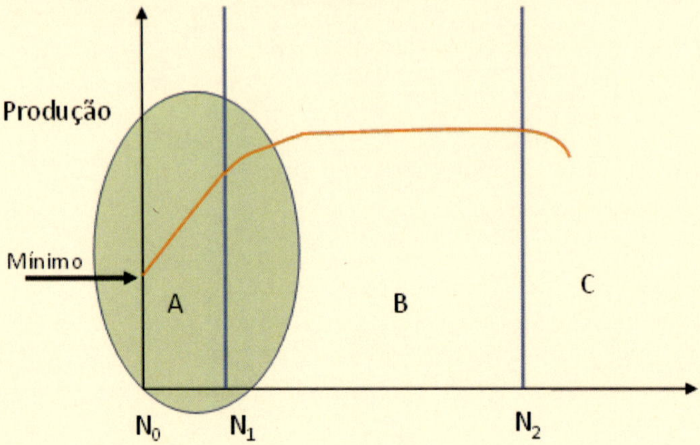

Fonte: adaptado de Alvarez (1987)

1.2.3 Lei do máximo

A lei do máximo também foi formulada por André Voisin. Para este autor, o excesso de um dado nutriente no solo diminui a absorção de outros nutrientes, e assim, a produtividade das culturas (VOISIN, 1973). Se algum nutriente permanecer no solo em quantidade excessiva, em relação à necessidade das plantas, ele pode retardar a disponibilidade de outros nutrientes. Além disso, o acúmulo excessivo de quaisquer nutrientes pode apresentar toxicidade nas plantas e, como resultado, o crescimento e o rendimento podem ser drasticamente reduzidos. Neste caso, o uso equilibrado de todos os elementos essenciais é necessário para garantir uma colheita ideal. O gráfico mostra a seguir como a produção de tomate atinge um máximo entre as doses de nitrogênio e depois cai. Maiores aplicações de fertilizantes não necessariamente produzem maiores rendimentos, porque o excesso tende a reduzir a eficácia de outros elementos e o rendimento da cultura.

Figura 3 – Exemplo da lei do máximo aplicada à produção de tomate em função de doses de nitrogênio

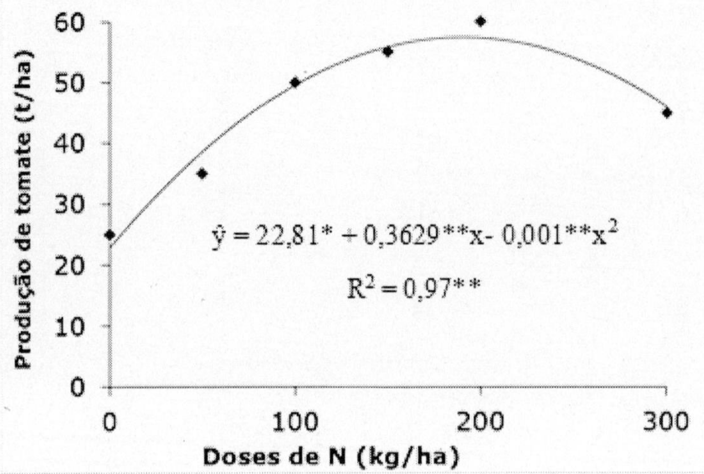

Fonte: Rocha *et al.* (2020)

As leis do mínimo e do máximo trabalham lado a lado, pois o excesso de um elemento provoca o desaparecimento de um ou mais elementos e vice-versa. Este desequilíbrio reduz o rendimento das culturas.

1.2.4 Lei dos incrementos decrescentes

A lei dos incrementos decrescentes foi criada em 1909 pelo professor alemão Eilhard Alfred Mitscherlich (BALBA; BRAY, 1956), seu enunciado diz que a produtividade de uma planta decresce à medida que se aumenta a quantidade fornecida de um determinado nutriente via fertilizante. No entanto, sabe-se que as respostas das plantas são elevadas para as doses iniciais de fertilizantes, mas o incremento na produção é cada vez menor à medida que se aumenta a dose do nutriente fornecido. E a partir de um determinado ponto a produção começa a reduzir mesmo com o aumento das doses, o que resulta em incrementos decrescentes da produção. Veja esse comportamento na Figura 4.

Figura 4 – Curva de resposta hipotética de uma determinada cultura a doses de N, evidenciando os incrementos de produção para cada 10 kg ha^{-1}

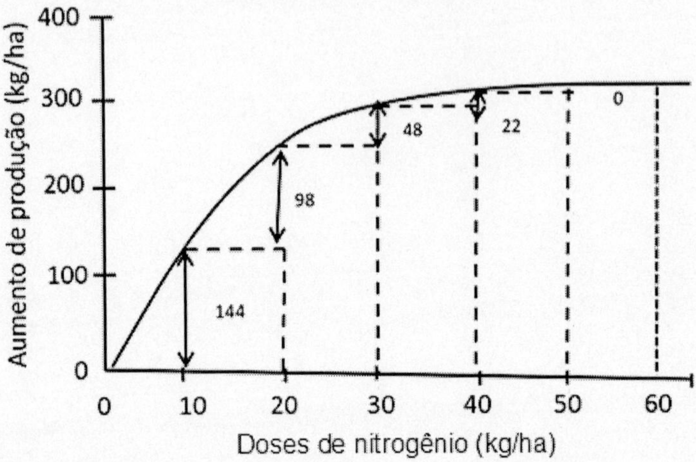

Fonte: Rocha *et al.* (2020)

Matematicamente esta Lei é expressa pela seguinte expressão: **log (A - Y) = log A - c (X + b),** onde: **Y** é a produção obtida; **A** é a produção máxima esperada em resposta ao nutriente **X** colocado à disposição da planta (ou outro fator de produção, como luz, temperatura etc.); **c** é uma constante de proporcionalidade ou "coeficiente de eficácia"; e **b** é a quantidade do mesmo nutriente já existente no solo.

Quando o incremento da produção é cada vez menor com o aumento da dose de fertilizante, de forma oposta registra-se que o custo de produção cresce linearmente (Figura 5). Diante disso, observa-se que o aumento das doses de fertilizantes acarreta aumento no custo de produção e reduz a renda. Por isso, para cada cultura existem doses adequadas de cada nutriente. Assim, a quantidade ótima de cada nutriente é função da sua disponibilidade no solo, da exigência nutricional da espécie que vai ser cultivada e da produtividade esperada. A adubação em excesso, além de não aumentar a produtividade, não vai garantir o retorno econômico esperado e ainda pode poluir o meio ambiente dependendo da situação.

A Lei dos incrementos decrescentes é de importância capital para o manejo da fertilidade do solo nos sistemas de produção agrícolas, uma vez que os gastos aumentam linearmente em função das doses de fertilizantes e não se terá uma resposta linear na produtividade. Diante disso, pode-se buscar uma produtividade ótima economicamente viável (PME), que se situe entre 80-90% da produtividade máxima (PM), pois, segundo os princípios dessa lei, pode-se recomendar quantidades de fertilizantes que possam proporcionar de 80-90% da produtividade máxima esperada.

Figura 5 – Curva de resposta hipotética da produtividade de uma determinada cultura em função de doses crescentes de fertilizantes, evidenciando o aumento dos custos e diminuição da renda

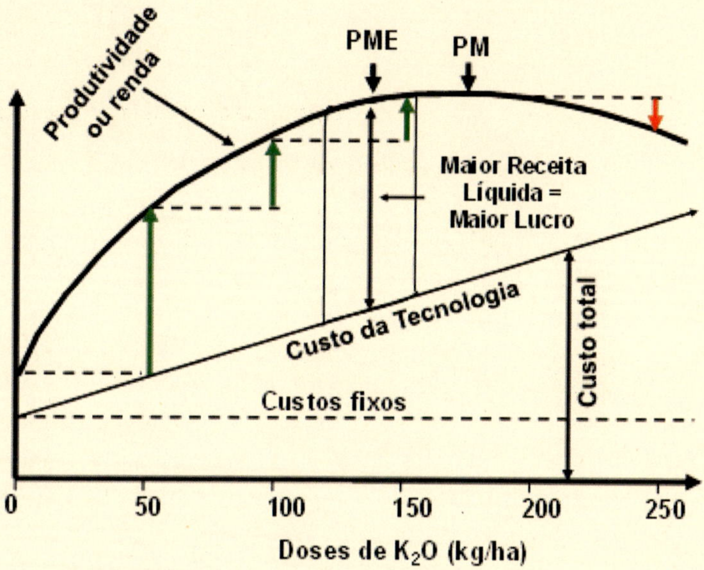

PME = Produção máxima econômica, PM = Produção máxima
Fonte: adaptado de Lopes e Guilherme (2007)

Na Figura 6, pode-se observar um exemplo da aplicação desta lei na cultura do trigo, em que foi aplicada a função matemática de Mitscherlich para ajustar a produção relativa de grãos de trigo em função de doses de potássio aplicadas no solo. A seta que aponta para o eixo "X" representa a dose de potássio que proporciona 90% da produção máxima atingida pela cultura, sendo, neste caso, denominada de nível crítico ou dose crítica.

Figura 6 – Produção relativa de trigo (*Triticum aestivum* L. var. "Yecora") em função de doses de potássio

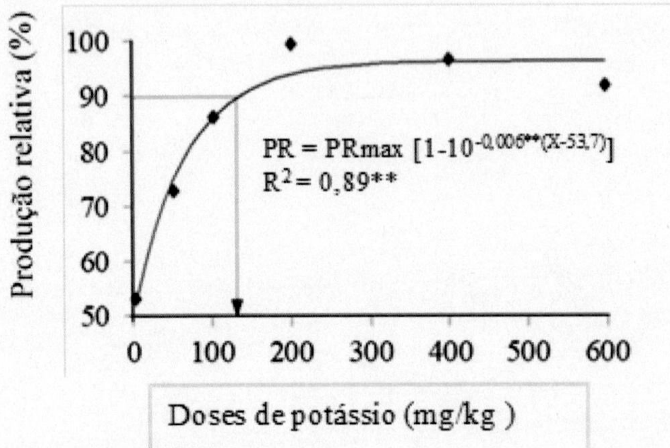

Fonte: Bilias e Barbayiannis (2019)

1.2.5 Lei da interação

Esta lei é considerada uma variante da Lei do mínimo, onde Voisin (1973) considerou que a eficácia de um fator de produção será maior quando os demais fatores estiverem o mais próximo possível do nível ideal. No que se refere aos nutrientes minerais do solo, frequentemente tem se observado interações negativas (antagonismo) e interações positivas (sinergismo), dependendo das práticas de manejo da fertilidade do solo (FERNANDES, 2006, p. 146). Algumas das interações antagônicas frequentes no solo são: P x Al, Ca x Mg, Ca x K, Mg x K, Na x K, Na x Ca, P x Zn, Fe x Zn e Zn x Mn. Por outro lado, interações positivas ocorrem entre N x P, S x N, P x Mg, P x Ca, N e K. As interações negativas podem ocorrer em nível de solo (NOVAIS *et al.*, 2007) ou em nível de planta (MALAVOLTA, VITTI; OLIVEIRA 1997).

No solo, essas interações correm nas superfícies de adsorção (coloides minerais e orgânicos), que também interagem com a solução do solo. Nas plantas, a diminuição da entrada de um determinado nutriente para dentro da célula da raiz (absorção propriamente dita) pode ocorrer por inibição competitiva, ou seja, quando dois elementos, nutrientes ou não, competem pelo mesmo sítio de ligação com os transportadores de membrana (EPSTEIN; BLOOM, 2006).

É importante destacar que mesmo as interações positivas estão sujeitas à Lei do máximo. Assim, embora o aumento da dose de P, juntamente com o aumento da dose de N ou o aumento simultâneo das doses de S e N, ou N e K, possa favorecer a produtividade das culturas, estes aumentos, quando ultrapassam as exigências das plantas, e sua capacidade de acumulação (consumo de luxo), provocam toxidez e, assim, diminuem as produtividades.

Além dos nutrientes minerais presentes no solo, fatores como água, temperatura, densidade do solo, espécie vegetal, presença de plantas daninhas, pragas, doenças também interferem no aproveitamento e potencialização da aplicação dos nutrientes por meio das adubações, não sendo possível aumentar a produtividade das culturas se a lâmina de irrigação não atender as necessidades hídricas das culturas. Da mesma forma, não adianta realizar a adubação nitrogenada se as ervas daninhas não forem controladas, sob pena de estas consumirem grande parte do nitrogênio aplicado ao solo.

Uma visualização prática desta Lei é mostrada na Figura 7 a seguir. A maior produção de massa seca de *Brachiaia decumbens* foi obtida com as maiores doses de N e K. Por outro lado, sem adubação potássica (K_0) não houve aumento de produção de massa seca devido à adubação nitrogenada da cultura.

Figura 7 – Efeito da combinação de doses de N e K sobre a produção de massa seca de *Brachiaria decumbens* Starpf

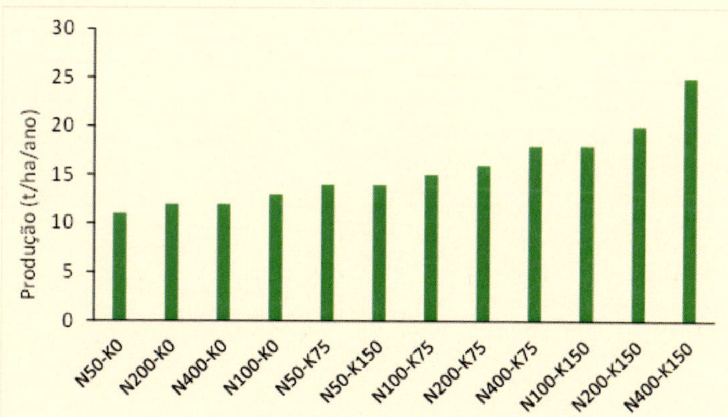

Fonte: adaptado de Furtini Neto *et al.* (2001)

1.2.6 Lei da qualidade biológica

A qualidade biológica representa a soma dos fatores individuais presentes na planta que contribuem para a manutenção do metabolismo normal no organismo do ser vivo que a consome. Esta Lei é fundamentada na premissa de que as adubações devem não só aumentar o rendimento das culturas, mas também proporcionar melhoria na qualidade do produto colhido (VOISIN, 1973). Ainda de acordo com Voisin, embora o aumento de produtividade seja um dos objetivos das adubações, o ganho de rendimento não deve ser atingido às custas da diminuição da qualidade dos frutos, grãos, hortaliças etc. Na Figura 8, observa-se que a aplicação de manganês na dose de 10 kg ha^{-1} aumenta a concentração de vitamina C em folhas de couve-de-bruxelas. Contudo, uma dose excessiva de Mn pode reduzir o teor de ácido ascórbico (Vitamina C).

Figura 8 – Teor de vitamina C em função de doses de manganês em couve-de-bruxelas

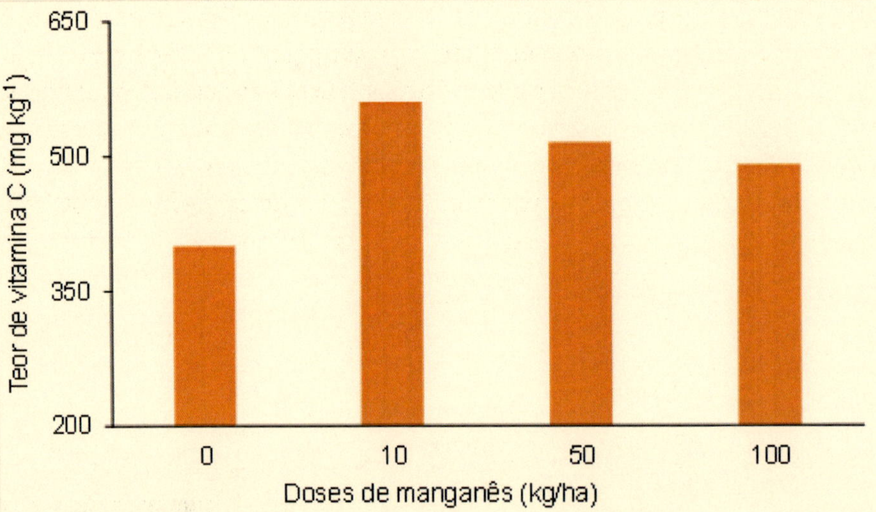

Fonte: adaptado de Hasanuzzaman (2023)

Outro exemplo desta Lei é mostrado na Figura 9. Como pode ser visto, a aplicação de doses de potássio na cultura do tomate proporcionou aumento no teor de sólidos solúveis totais (açúcares), mas com a aplicação de uma dose mais elevada, houve um declínio neste atributo.

Figura 9 – Teor de sólidos solúveis (SS) em frutos de tomate em função de doses de potássio

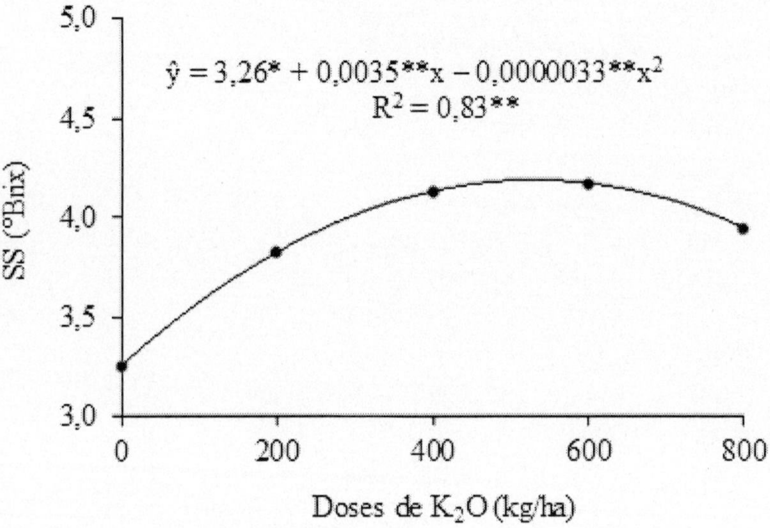

Fonte: adaptado de Rebouças Neto *et al.* (2016)

Esses exemplos mostram que a qualidade biológica deve ser preservada e tem prioridade sobre a obtenção do rendimento da cultura,

A escolha das fontes de nutrientes e a aplicação das doses adequadas, dentro do manejo da fertilidade do solo, se constituem em aspectos muito importantes a serem considerados pelo agricultor. Diante disso, o uso inadequado e excessivo de fertilizantes, sem atender aos critérios técnicos, pode causar desequilíbrios nutricionais que podem afetar negativamente a produtividade, a qualidade do produto e a rentabilidade da lavoura e ainda aumentar a incidência de pragas e doenças (MALAVOLTA, 1979).

Sabe-se que o excesso de nitrogênio, por exemplo, afeta a disponibilidade de boro e cobre, e o excesso de fósforo no solo também afeta a disponibilidade de cobre e zinco. E o potássio em excesso diminui a disponibilidade de magnésio e boro.

Por isso, é recomendado que o manejo da adubação do solo siga criteriosamente as recomendações técnicas e as Leis gerais da adubação e sempre inclua fertilizantes multinutrientes, capazes de fornecer macronutrientes e micronutrientes essenciais para as plantas (BISSANI *et al.*, 2004). O uso desses fertilizantes, além de favorecer o maior equilíbrio de nutrientes no solo, pode reduzir muito os custos operacionais da propriedade. Isso porque em uma só aplicação o agricultor já estará incluindo no solo diversos nutrientes exigidos pelas culturas, o que reduz a necessidade de novas entradas nas áreas das lavouras.

1.3 CONSIDERAÇÕES SOBRE AS LEIS DA ADUBAÇÃO

A finalidade de apresentar as Leis gerais da adubação é de incentivar a adoção de práticas de adubações mais equilibradas e viáveis, sem excessos e de acordo com recomendações técnicas de cada cultura. Desse modo, se podem ter produções agrícolas com maior retorno econômico e menor risco de contaminação ambiental. É importante enfatizar que a adubação não deve ser vista isoladamente, pois ela é somente um dos vários fatores que afetam o sistema de produção.

Embora as Leis da adubação possam nos dar as orientações importantes para manter a fertilidade do solo em nível adequado para as culturas atingirem as produtividades esperadas, ressalta-se que o solo é um recurso natural complexo, onde ocorrem diversas interações entre os componentes da fase sólida com a solução do solo, incluindo o componente orgânico, no qual se insere também a parte viva do solo. A parte viva do solo, a exemplo dos microrganismos, pode apresentar destacada atuação nas diversas transformações dos nutrientes do solo (MOREIRA; SIQUEIRA, 2006), podendo aumentar a disponibilidade para as plantas, assim como produzir substâncias, que podem atuar como estimulantes do crescimento das plantas (RIBEIRO *et al.*, 2022; ZHANG *et al.*, 2022). Dessa forma, nas práticas de adubação, deve-se considerar também a adubação orgânica do solo, principalmente a adubação verde.

Finalmente, é importante mencionar que, quando se maneja o solo adotando-se práticas conservacionistas, como o controle da erosão e o uso de adubação verde, com espécies leguminosas, com grande capacidade de fixação de nitrogênio, as interações negativas (Lei da interação) tendem a ser minimizadas. Uma das características dos adubos verdes é a sua capacidade de aumentar o teor de matéria orgânica do solo e, por conseguinte, o tamponamento do solo para processos adversos nas plantas, tais como a compactação do solo e toxidez de elementos químicos. Como os adubos verdes possuem todos os nutrientes de plantas, embora em baixa concentração, sua aplicação ao solo não deve acarretar inibição competitiva, além de melhorar muitos aspectos do solo, como a capacidade de retenção de cátions (CTC), fato que também pode minimizar possíveis problemas de lixiviação e/ou toxidez de elementos químicos, sendo estes, nutrientes ou não.

1.4. REFERÊNCIAS

ALVAREZ, V. V. H. Leis gerais da adubação. *In:* ALVAREZ V. V. H. (coord.). *Química e fertilidade do solo. Teoria*. Viçosa: Impr. Equipe, 1987. p. 60-72.

BALBA, A. M.; BRAY, R. R. New fields for the application of the Mitscherlich equation: 1. A quantitative measure for the relative effectiveness of nutrients. *Soil Science,* v. 82, n. 6, p. 497-502, 1956.

BILIAS, F.; BARBAYIANNIS, N. Potassium-fixing clay minerals as parameters that define K availability of K-deficient soils assessed with a modified Mitscherlich equation model. *Journal of Soil Science and Plant Nutrition,* v. 19, n. 4, p. 830-840, 2019.

BISSANI, C. A.; GIANELLO, C.; TEDESCO M. J.; CAMARGO, F. A. O. *Fertilidade dos solos e manejo de adubação de culturas*. Porto Alegre: Metrópole Indústria Gráfica, 2004. 322p.

EPSTEIN, E.; BLOOM, A. J. *Nutrição mineral de plantas*: princípios e perspectivas. 2. ed. Londrina: Planta, 2006. 403p.

FERNANDES, M. S. (ed.). *Nutrição mineral de plantas*. Viçosa, MG: SBCS, 2006. 432 p.

FURTINI NETO, A. E.; VALE, F. R.; RESENDE, A. V.; GUILHERME, L. R. G.; GUEDES, G. A. A. *Fertilidade do solo.* Lavras: UFLA/FAEPE, 2001. 252p.

HASANUZZAMAN, M. *Laws of fertilizer application.* Agros 513. 2023. Disponível em: https://hasanuzzaman.weebly.com/uploads/9/3/4/0/934025/laws_of_fertilizer_ap plication.pdf. Acesso em: 15 mar. 2023.

LIEBIG, V. J. *Die chemie in ihrer anwendung auf agricultur und physiologie*. 3. ed. Aufl., Braunschweig: F. Vieweg und Sohn, 1841. 689p.

LOPES, A. S.; GUILHERME, L. R. G. Fertilidade do solo e produtividade agrícola. *In:* NOVAIS, R. F. *et al. Fertilidade do solo*. Viçosa, MG: SBCS, 2007. p. 1-64.

MALAVOLTA, E. *ABC da adubação*. São Paulo: Agronômica Ceres, 1979. 256 p.

MALAVOLTA, E. *Manual de nutrição de mineral de plantas*. São Paulo: Agronômica Ceres, 2006. 638p.

MALAVOLTA, E. *Manual de química agrícola: adubos e adubação*. 3. ed. São Paulo: Agronômica Ceres, 1981. 596 p.

MALAVOLTA, E.; VITTI, G. C.; OLIVEIRA, S. A. *Avaliação do estado nutricional das plantas:* princípios e aplicações. 2. ed. Piracicaba: Associação Brasileira para Pesquisa da Potassa e do Fosfato, 1997. 319p.

MOREIRA, F. M. S.; SIQUEIRA, J. O. *Microbiologia e bioquímica do solo*. 2. ed. Lavras: Ed. Ufla, 2006. v. 1. 729 p.

NOVAIS, R. F.; ALVAREZ V., V. H.; BARROS, N. F.; FONTES, R. L. F.; CANTARUTTI, R. B.; NEVES, J. C. L. *Fertilidade do solo*. Viçosa, MG: SBSC, 2007. 1017 p.

OLIVEIRA, F. S.; OLIVEIRA, F. S.; ROCHA, J. L. A.; ROCHA, R. C. C.; ROCHA, H. G. F. Partição e acumulação de nutrientes no meloeiro amarelo fertirrigado em condições semiáridas. *Irriga*, v. 21, n. 3, p. 545, 2016.

RAIJ, B. V. *Avaliação da fertilidade do solo*. Piracicaba: Instituto de Potassa e do Fosfato; Instituto Internacional da Potassa, 1981. 142 p.

REBOUÇAS NETO, M. O.; AZEVEDO, B. M.; VIANA, T. V. A.; MESQUITA, J. B. R.; VARVALHO, M. A. R.; CARVALHO, L. C. C. Potassium fertilization via fertigation and conventional application on quality of tomato fruits. *Revista Brasileira de Engenharia Agrícola e Ambiental,* v. 20, n.10, p. 913-917, 2016.

RIBEIRO, V. P.; GOMES, E. A.; SOUSA, S. M.; LANA, U. G. P.; COELHO, A. M.; MARRIEL, I. E.; PAIVA, C. A. O. Co-inoculation with tropical strains of *Azospirillum* and *Bacillus* is more efficient than single inoculation for improving plant growth and nutrient uptake in maize. *Archives of Microbiology,* v. 204, n. 2, p. 1-13, 2022.

ROCHA, J. L. A.; SILVA. A. P.; SEVERO. P. J. S. *Fertilidade do solo*. Pombal, PB: UFCG, 2020. 154p.

SALDANHA, C. B.; EMIRICH, E. B.; NEGRÃO, E. N. M.; CASTIONI, G. A. F. *Ciência do solo*: fertilidade do solo e nutrição mineral de plantas. Londrina: Editora e Distribuidora Educacional S.A., 2016. 192 p.

VOISIN, A. *Adubos – novas leis científicas de sua aplicação*. São Paulo: Mestre Jou, 1973. 130 p.

ZHANG, Y.; TIAN, Z.; XI, Y.; WANG, X.; CHEN, S.; HE, M.; CHEN, Y.; GUO, Y. Improvement of salt tolerance of *Arabidopsis thaliana* seedlings inoculated with endophytic *Bacillus cereus* KP120. *Journal of Plant Interactions,* v.17, n.1, p. 884-893, 2022.

Capítulo 2

ADUBAÇÃO VERDE

Francisco Bezerra Neto
Josinaldo Lopes Araújo Rocha
Jailma Suerda Silva de Lima

2.1 ASPECTOS GERAIS

Os solos na maioria dos ambientes tropicais são pobres em nutrientes, assim necessitam de fertilizantes para a produção dos sistemas agrícolas. Para aumentar a sustentabilidade ambiental e econômica desses ambientes, é importante o uso racional de fertilizantes para manter os solos com atributos favoráveis ao crescimento e desenvolvimento das plantas. Assim, deve ser dada atenção especial às tecnologias que contribuem para a reciclagem de resíduos orgânicos, como base para a manutenção da fertilidade do solo e para a nutrição das plantas, além da manutenção da atividade dos organismos do solo, o equilíbrio de nutrientes e a qualidade da água. A aplicação ao solo de resíduos, tanto de origem vegetal quanto animal, consiste na fertilização orgânica. Esta prática melhora os atributos físicos, químicos e biológicos do solo (Figura 1).

Figura 1 – Influência da matéria orgânica do solo sobre os atributos físicos, químicos e biológicos

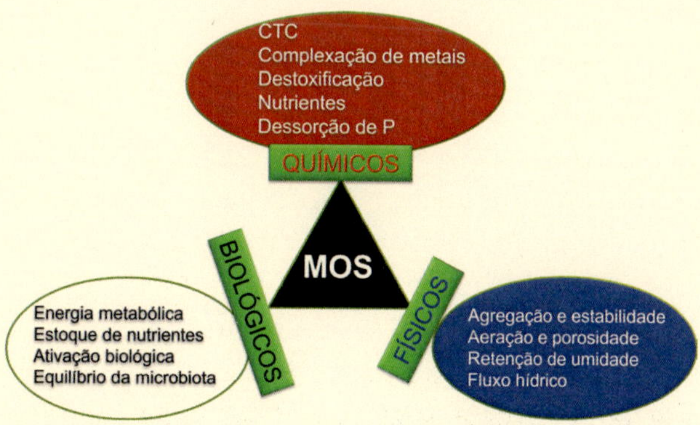

MOS = matéria orgânica do solo
Fonte: adaptado de Moreira e Siqueira (2006)

A agricultura orgânica é um sistema de produção inserido no contexto de produção agroecológica, que visa à produção de alimentos com menos impacto ambiental e social e menor dependência de insumos externos. Uma prática usual na agricultura orgânica é a adubação verde, técnica de manejo que se preocupa com a redução dos gastos energéticos e o aumento da autossuficiência do sistema. O uso da adubação verde nas unidades de produção orgânica é uma estratégia importante com elevado potencial de impacto na produtividade dos cultivos e na conservação do solo. Segundo Von Osterroht (2002), a adubação verde é definida como a prática de incorporar ou deixar sobre o solo massa vegetal não decomposta de plantas cultivadas no local ou importadas, com a finalidade de preservar e/ou restaurar a produtividade das terras agricultáveis.

Esta prática consiste no cultivo de plantas nativas ou introduzidas, cultivadas em rotação ou em consórcio com a espécie principal, podendo ser perene, semiperene ou anual. Atualmente, a adubação verde não é apenas o cultivo e corte de plantas no estágio juvenil, no florescimento pleno, com ou sem incorporação imediata. A prática compreende também o manejo da fitomassa produzida no local, ou fora dele, podendo ser cultivada até a colheita das sementes, com a finalidade de cobertura do solo, de preservação ou restauração da produtividade das áreas em cultivo e do ambiente. Isso permite o aproveitamento mais adequado dos solos, das máquinas e insumos em geral (BATISTA *et al.*, 2018).

2.2 CARACTERÍSTICAS DESEJÁVEIS DAS PLANTAS DESTINADAS À ADUBAÇÃO VERDE

As plantas que servem como adubos verdes são geralmente selecionadas com base nas condições edafoclimáticas específicas do local, padrão de chuva, facilidade de irrigação e tempo de retorno disponível (THIMMANNA *et al.*, 2014; MALLIKARJUN, 2018). Elas devem possuir características que as tornam benéficas para contribuir na melhoria do solo da área em que serão empregadas. Essas características são variadas e devem se adequar para cada sistema de cultivo. Dentre as características desejáveis estão:

- Rápido crescimento inicial
- Grande acúmulo de fitomassa verde e seca
- Eficiente cobertura do solo
- Boa capacidade de reciclagem de nutrientes, após a mineralização

- Facilidade de implantação e condução no campo
- Sistema radicular profundo e bem desenvolvido
- Fácil manejo para uso
- Tolerância à seca e à geada
- Potencial de múltiplo uso
- Baixa exigência em solo fértil
- Capacidade de crescer bem em solos empobrecidos, terrenos baldios etc.
- Baixa relação C/N
- Fácil incorporação e decomposição
- Liberação fácil e oportuna de nutrientes
- Baixo índice de pragas e doenças e não ser planta hospedeira
- Baixo custo de implantação
- Produção elevada de rendimento e facilidade de colheita

Sabe-se que reunir todas essas características em uma só planta é praticamente impossível, mas a que servirá como adubo verde a ser utilizado deve apresentar o máximo possível delas para assegurar prováveis resultados satisfatórios.

2.3 BENEFÍCIOS DA ADUBAÇÃO VERDE

A adubação verde propicia uma série de benefícios ao solo e às culturas, cujo número e intensidade variam de acordo com as condições do solo, clima, espécie e manejo utilizado e cultura econômica. Alguns desses benefícios são:

- Aumento do teor de matéria orgânica do solo.
- Melhora dos atributos físicos, químicos e biológicos do solo.
- Melhora da concentração de nutrientes na superfície do solo, especialmente N mineral (disponível).
- Aumento da capacidade de retenção de cátions efetiva do solo e da disponibilidade de macronutrientes e micronutrientes.

- Colaboração com a diminuição da acidez potencial do solo, com consequente aumento na soma de bases e no índice V% (saturação por bases).
- Redução de perdas por lixiviação e erosão do solo.
- Melhoria da agregação do solo e capacidade de retenção de água, portanto propriedades físicas como infiltração de água e arejamento.
- Controle das perdas de solo e água, mantém o solo e a produtividade adequada das culturas, oferecendo assim sustentabilidade ecológica em longo prazo.
- Possibilidade de diminuir o pH de solos alcalinos, por meio da liberação de ácidos húmicos e acéticos.
- Redução da ameaça de ervas daninhas e multiplicação de sementes de ervas daninhas.
- Controle de nematoides das galhas.
- Melhoria da atividade da biomassa microbiana do solo.
- Acesso a elementos essenciais e água em camadas mais profundas do solo, em função do aprofundamento do sistema radicular.
- Aumento da produção das culturas.
- Melhoria da qualidade das colheitas e produtos.
- Mitigação dos efeitos nocivos da agricultura intensiva moderna dominada por produtos químicos.

Um exemplo dos benefícios da adubação verde está apresentado na Tabela 1. Os dados referem-se a um estudo realizado por Cruz *et al.* (2016), em que os autores avaliaram a influência de alguns adubos verdes, tais como crotalária (*Crotalaria juncea* L.), feijão de porco (*Canavalia ensiformis* L.) e milheto (*Pennisetum glaucum L*), aplicados na proporção de 6% (p/v), sobre a podridão radicular de *Fusarium solani* e no desenvolvimento do meloeiro. Conforme a citada Tabela, a adubação verde com crotalária ou feijão de porco + milheto proporcionou aumento da produção de fitomassa do meloeiro, enquanto a adubação verde com crotalária diminuiu a incidência do fungo de raízes *Fusarium solani,* no meloeiro.

Tabela 1 – Influência de adubos verdes sobre a produção de fitomassa e índice de infestação de Fusarium *solani* em meloeiro, híbrido 'Platinum Life'. Mossoró (RN), 2013

Adubação verde	Massa fresca (g/ planta)	Massa seca (g/ planta)	Índice de infestação com Fusarium solani
Crotalária	18,24 a	2,83 a	0,49 b
Feijão + milheto	16,43 a	2,77 a	0,57 a
Milheto	5,70 b	0,87 b	0,69 a
Sem adubação	6,13 b	0,93 b	0,85 a

Fonte: adaptado de Cruz *et al.* (2016)

Os efeitos positivos da adubação verde sobre a atividade microbiológica do solo estão exemplificados na Figura 2, pelo trabalho realizado por Dong *et al.* (2021). Os autores observaram significativo aumento da concentração do carbono da biomassa microbiana e do nitrogênio da biomassa devido à adubação verde, principalmente com ervilhaca peluda (*Vicia villosa*).

Figura 2 – Efeito da adubação verde NGM: sem adubação; FO: orquídea de fevereiro; HV: ervilhaca peluda e RF: *Festuca rattail*; CBM: o carbono da biomassa microbiana e (NBM): o nitrogênio da biomassa microbiana do solo em pomar de nogueira (*Juglans regia*)

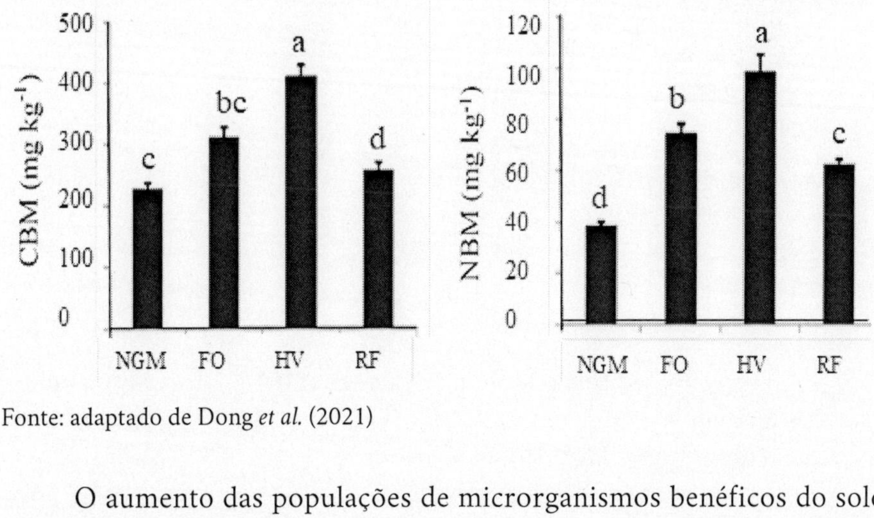

Fonte: adaptado de Dong *et al.* (2021)

O aumento das populações de microrganismos benéficos do solo constitui um dos ganhos com a adubação verde. Como pode ser visto na Tabela 2, Tilak (2004) observou um aumento considerável nas populações de bactérias, fungos e actomicetos no solo devido à adubação verde com espécies leguminosas e subsequente cultivo de arroz. As bactérias do gênero *Azotobacter e Azospirillum* são fixadoras de nitrogênio atmosférico, enquanto as bactérias solubilizadoras de fosfato convertem formas de fósforo insolúvel em formas disponíveis para as plantas (ETESAMI *et al.*, 2017). Além disso, algumas bactérias possuem capacidade para solubilizar minerais do solo (ou de rochas, no caso de remineralizadores) contendo outros nutrientes, como K, Ca e Mg (VASANTHI *et al.*, 2018; FOMINA; SKOROCHOD, 2020).

Tabela 2 – Influência de adubos verdes aplicados ao solo sobre a densidade de microrganismos no solo cultivado com arroz

Tratamento	Populações de microrganismos (por g de solo)					
	Bactérias	**Actinomicetos**	**Fungos**	*Azotobacter*	*Azospirlum*	**BSF**
	10^5	**10^4**	**10^4**	**10^2**	**10^4**	**10^2**
Pousio	42	0,3	0,1	22	0,9	0,4
Sesbania aculeata	95	1,1	0,5	67	4,8	1,1
Sesbania rostrata	155	4,9	0,9	105	29,7	5,4
Vigna radiata (HS)	105	1,2	0,8	87	15,5	3,5
Vigna radiata (SI)	167	5,5	1,3	202	37,5	6,0

HS = colhido toda parte aérea; SI = colhido apenas os grãos; BSF: bactérias solubilizadoras de fosfato.
Fonte: Tilak (2004)

2.4 VANTAGENS PROPORCIONADAS PELA ADUBAÇÃO VERDE

Diante dos benefícios citados, registra-se que a adubação verde pode proporcionar uma série de vantagens ao solo e aos cultivos. Segundo Chinelato (2021), dentre elas estão:

- Aumento da capacidade de armazenamento de água no solo. O arranjo estrutural entre as partículas do solo deve se apresentar como uma malha de poros de diversos tamanhos, constituída de poros numa escala variando de micro até muito grandes. Os poros grandes servem para drenar a água quando o solo estiver saturado, enquanto os poros menores servem para guardar a água quando cessar a chuva. Desse modo, quando os solos são fertilizados com adubo verde, há um aumento da porosidade do solo e, consequentemente, melhor infiltração da água no solo, aumentando assim a capacidade de armazenamento de água.

- Descompactação do solo. Quando há um aumento da porosidade do solo decorrente da adubação verde, esse aumento faz com que ocorra a descompactação efetiva do solo. Esse efeito ocorre graças à melhor agregação do solo, devido ao aumento do teor de carbono orgânico do solo e, assim, diminuição da densidade global do solo (Figura 3).

Figura 3 – Influência do teor de carbono orgânico no solo sobre a densidade global (aparente) do solo.

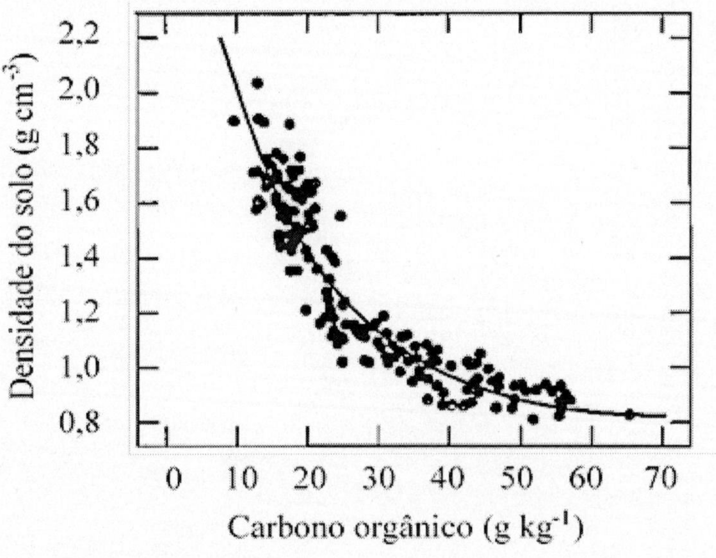

Fonte: adaptado de Weil e Magdoff (2004)

- Diminui o impacto da gota de chuva sobre a erosão do solo. Quando um solo está mais bem estruturado, decorrente da adubação verde, há redução do impacto com a água das chuvas de alta intensidade, reduzindo a desagregação e a erosão.
- Reciclagem de nutrientes. Quando se incorpora o adubo verde ao solo, essa incorporação promove maior quantidade de nutrientes disponibilizados no solo.

- Aumento da disponibilidade de nitrogênio. Adubação verde com espécies leguminosas promove incremento de nitrogênio disponível no solo, seja por meio da fixação biológica ou incorporação de biomassa. Algumas espécies de leguminosas podem fixar 159 kg/ha/ano de N, como no caso da crotalária (*Crotalaria juncea*). Isso pode contribuir na redução do uso de adubos minerais nitrogenados.
- Aumento da atividade biológica do solo. A adubação verde pode proporcionar um aumento da proliferação de microrganismos que são responsáveis pela decomposição de restos de culturas e pela mineralização da matéria orgânica do solo. Além disso, pode ocorrer o favorecimento de microrganismos que realizam o controle natural de outros organismos prejudiciais às plantas, como os causadores de doenças e/ou microrganismos promotores de crescimento de plantas.
- Aumento do teor de carbono orgânico no solo. Com a utilização de adubos verdes, pode-se aumentar a quantidade de matéria orgânica disponível no solo.
- Controle de doenças, nematoides (pragas agrícolas). Sabe-se que adubação verde feita com espécies de crotalária pode ser utilizada para o controle de nematoides.
- Controle de plantas daninhas. A adubação verde pode ser eficiente em suprimir as plantas espontâneas (daninhas) e reduzir o banco de sementes de plantas daninhas, já que o solo fica coberto na entressafra.
- Redução da quantidade do uso de defensivos agrícolas. Quando há controle de pragas em uma lavoura com a adubação verde, consequentemente, pode ocorrer redução do uso de defensivos agrícolas.
- Recuperação de áreas degradadas. A adubação verde pode ser utilizada para recuperar áreas degradadas, como consequência ocorre a manutenção das propriedades físicas, químicas e biológicas do solo.
- Aumento da produtividade da cultura de 10-15%.
- Aumento de forragem suplementar para animais.

Em um trabalho realizado por Silva *et al.* (2018), os autores observaram significativo aumento da produção comercial e total de raízes de cenoura devido à aplicação de doses de flor-de-seda (*Calotropis procera*) como adubo verde (Figura 4). De acordo com os autores, o melhor desempenho da cultura foi atingido com a aplicação de cerca de 46 t ha^{-1} do citado adubo.

Figura 4 – Produtividade de raízes comerciais (A) e totais (B) de cenoura consorciada com alface em função da biomassa de flor-de-seda incorporada ao solo

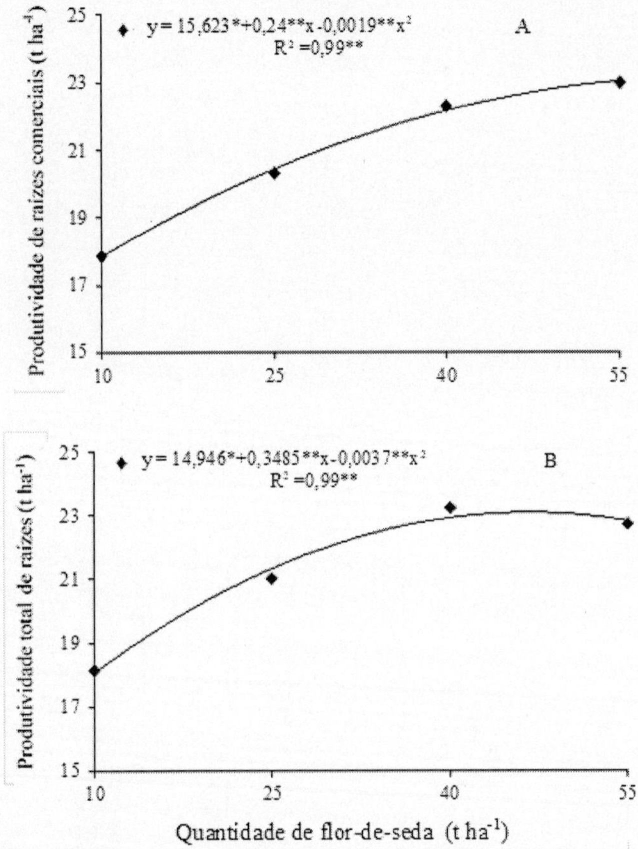

Fonte: Silva *et al.* (2018)

Diante dessas vantagens, pode-se inferir que a adubação verde pode melhorar o desenvolvimento de uma cultura e, consequentemente, a sua produtividade agrícola.

2.5 DECOMPOSIÇÃO DE RESÍDUOS DE CULTURAS OU ADUBOS VERDES

Um dos desafios da adubação verde é a previsão da quantidade de nutrientes liberados por unidade de tempo para a cultura de interesse, para cada tonelada aplicada de um determinado adubo verde, ou seja, a taxa de decomposição e de mineralização. Esta previsão é fundamental para se estimar a quantidade a ser aplicada do adubo verde durante o ciclo da cultura, de forma a atender suas necessidades nutricionais, como exemplo, pode ser citado o trabalho de Pereira *et al.* (2016) que estimaram o tempo de meia-vida (tempo necessário para decomposição de metade do material vegetal adicionado ao solo ou para liberação de metade da quantidade de nutrientes adicionados pelo adubo verde) de alguns adubos verdes, considerando a decomposição e liberação dos nutrientes nitrogênio, fósforo e potássio. Como pode ser observado na Tabela 3, os autores encontraram grande variação entre as espécies, no tempo de meia-vida, para os parâmetros analisados. Assim, o tempo de meia-vida da massa seca variou de 120 a 301 dias, enquanto o tempo de meia-vida de nitrogênio variou de 67 a 203 dias.

Tabela 3 – Tempo de meia-vida para decomposição e liberação de nutrientes em alguns adubos verdes em condições de clima semiárido no município de Quixeré (CE)

Adubo verde	**Tempo de meia-vida do componente (dias)**			
	Massa seca	**Nitrogênio**	**Fósforo**	**Potássio**
Crotalaria juncea	301	86	58	73
Canavalia ensiformes	120	67	70	55
Cajanus cajan	277	92	82	70
Crotalaria spectabilis	131	65	53	54
Dolichos lablab	231	103	90	69
Mucuna deeringiana	231	203	141	96

Fonte: Pereira *et al.* (2016)

A decomposição de resíduos de culturas ou adubos verdes no solo é um processo complexo, resultado da interação entre diversos fatores (abióticos e bióticos) específicos de cada ambiente. Segundo Moreira e Siqueira (2006), os principais fatores abióticos que impulsionam esse processo estão relacionados à sua influência nos organismos do solo, uma vez que a decomposição é essencialmente um processo biológico (Figura 5).

Figura 5 – Visão esquemática do solo como uma máquina decompositora

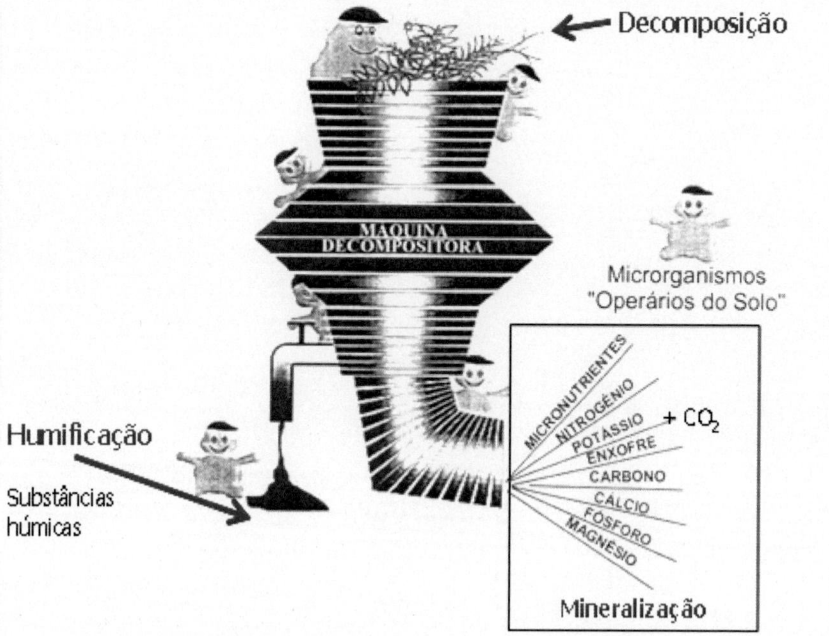

Fonte: adaptado de Moreira e Siqueira (2006)

Esta decomposição consiste no processo de fragmentação física dos resíduos orgânicos em partículas menores, que é um processo realizado por componentes da macro, meso e microfauna do solo. Essa fragmentação proporciona aumento da área de superfície, facilitando a colonização microbiana e posterior hidrólise por enzimas microbianas extracelulares. Assim, polímeros complexos são degradados em compostos monoméricos e íons, que podem ser absorvidos por células microbianas ou plantas.

2.5.1 Fatores que afetam a decomposição

Os fatores que podem afetar a direção e a magnitude do processo de decomposição são o teor de nutrientes e a composição bioquímica dos resíduos da cultura ou adubo verde adicionados ao solo, a natureza e abundância das comunidades microbianas presentes, umidade do solo, temperatura, aeração, pH, as relações carbono/nutrientes da matéria orgânica do solo (MOS) (POIRIER *et al.*, 2013) e a presença ou ausência de substâncias inibidoras.

A utilização de adubos verdes e restos culturais, segundo Valadares *et al.* (2016), proporciona diversos efeitos condicionantes ao solo; no entanto, os principais objetivos dessa prática em solos tropicais pouco férteis são aumentar a capacidade de troca de cátions (CTC) do solo e fornecer nutrientes para as plantas. Assim, os teores de nutrientes presentes nessas plantas (principalmente N, P e S) são uma das primeiras características a serem observadas. Após a decomposição, compostos monoméricos e íons podem ser absorvidos por microrganismos presentes no solo, que os utilizam como fonte de energia ou precursores metabólicos. Depois que esses requisitos forem satisfeitos, o excesso de íons pode ser liberado na solução do solo e ficar disponível para as plantas.

2.5.2 Mineralização e imobilização

A maior parte dos nutrientes presentes nos resíduos vegetais e/ou animais está na forma orgânica, ou seja, faz parte da estrutura de compostos orgânicos, a exemplo do N e do S nas proteínas e do P no ATP (trifosfato de adenosina) (MOREIRA; SIQUEIRA, 2006). A liberação desses nutrientes para a solução do solo dependerá do processo de *mineralização* (M), ou seja, da passagem do nutriente da forma orgânica (por exemplo, proteínas) para a forma mineral (por exemplo, nitrato e sulfato). Contudo, nesse processo, dependendo da composição química do material orgânico adicionado ao solo, os microrganismos podem retirar dele nutrientes minerais para poderem se multiplicar e, assim, atuarem no processo de mineralização. Esse processo, que diminui temporariamente a quantidade de nutrientes minerais do solo, é denominado de *imobilização* (I). Posteriormente, os nutrientes minerais retirados do solo serão devolvidos a ele com a morte dos microrganismos (STEVENSON, 1986). Devido à possibilidade de parte dos nutrientes minerais adicionados ao solo pela mineralização permanecerem temporariamene imobilizados pela biomassa microbiana, o processo de mineralização é referido como mineralização líquida (se $M > I$) e o de imobilização como imobilização líquida (se $M < I$).

A quantidade de nutrientes liberados para as plantas dependerá da quantidade disponível nos materiais, da taxa de decomposição, do grau de decomposição e, dentre outros fatores, da relação C/N (carbono/nitrogênio),

C/S (carbono/enxofre) e C/P (carbono/fósforo) dos materiais orgânicos adicionados ao solo (Tabela 4).

Tabela 4 – Matéria orgânica como fonte de nutrientes em função das relações C/N, C/P e C/S

Qualidade da M.O	Relações			Imobilização (I)/Mineralização (M)	Disponibilidade dos nutrientes
	C/N	C/P	C/S		
Pobre	> 30	> 300	> 400	I > M	Diminui
Intermediária	20-30	200-300	200-400	I = M	Não altera
Rica	< 20	< 200	< 200	I < M	Aumenta

Fonte: Novais *et al.* (2007)

De acordo com a Tabela 4, para que haja mineralização líquida de N, P e S para as plantas, os materiais devem possuir relação C/N menor que 20, e relação C/P e C/S inferior a 200. Assim, com essas características, espera-se que os materiais adicionados ao solo liberem N, P e S na forma mineral para as plantas, durante seu ciclo. Contudo, a prática tem mostrado que, para algumas hortaliças de ciclo muito curto, como alface e coentro, é possível que haja uma imobilização inicial de N, dependendo se a relação C/N estiver próxima de 20.

As taxas de decomposição, assim como os processos de imobilização e mineralização, não dependem apenas das relações C/N, C/P e C/S nos resíduos (STEVENSON, 1986). Eles também são muito influenciados pela quantidade total de N, P e S presentes nos materiais orgânicos, assim como a concentração de substâncias como açúcares, amido, proteínas, celulose, lignina e gorduras (MOREIRA; SIQUEIRA, 2006).

Embora tenham sido enfatizados os nutrientes N, P e S, a decomposição dos resíduos e da MOS também pode liberar outros nutrientes como Ca, Mg, K, além de micronutrientes que estão sujeitos aos mesmos princípios de mineralização e imobilização explicados anteriormente (VALADARES *et al.*, 2016). No caso do potássio, o termo "liberação" é mais apropriado, tendo em vista que esse nutriente, embora exerça muitas funções nas plantas, não faz parte da estrutura de nenhum composto orgânico das plantas (MARSCHNER, 2012).

2.6 CONDIÇÕES CLIMÁTICAS

O clima afeta fortemente a taxa de decomposição dos resíduos. A temperatura e a umidade exercem influência direta nos processos metabólicos das plantas, encontrando-se relacionadas com a latitude e a altitude de cada região. Juntamente com a distribuição anual de chuvas, exercem uma forte influência no estabelecimento e desenvolvimento das plantas (WANG *et al.*, 2022). Esses fatores afetam diretamente a atividade microbiana, mais precisamente o complexo enzimático microbiano (RAMANJANEYULU, 2021). Segundo Stott *et al.* (1986), a taxa de decomposição do resíduo correlaciona-se positivamente com a temperatura e a disponibilidade de água dentro de uma ampla faixa. Em ambientes tropicais, a temperatura e a umidade apresentam menor restrição à decomposição, que depende principalmente da qualidade dos resíduos e da MOS (BARROS *et al.*, 2020).

2.7 CONDIÇÕES EDÁFICAS

Outro fator importante durante a decomposição dos resíduos é o pH do solo, que afeta diretamente o tipo, a densidade e a atividade de bactérias, fungos e actinomicetos (VALADARES *et al.*, 2016). A taxa de decomposição de resíduos é maior em solos com pH neutro do que em solos mais ácidos, como os tropicais. No entanto, a calagem de solos ácidos promove a decomposição acelerada dos resíduos.

Diferentes organismos trabalham nos resíduos dentro do solo. A comunidade microbiana do solo é diversa e mostra uma distribuição desigual ao longo do perfil do solo e ao longo dos microambientes (WHALEN; SAMPEDRO, 2010).

Há uma mudança na composição bioquímica dos resíduos durante o processo de decomposição, o que impulsiona uma sucessão microbiana. A construção e manutenção da diversidade microbiana no solo favorecem maiores taxas de decomposição (WHALEN, 2014). Algumas práticas agronômicas são recomendadas para esse fim, como: (i) aplicação regular de resíduos orgânicos ou uso de adubos verdes bioquimicamente complexos associados àqueles bioquimicamente simples e de fácil decomposição, que suportam maior diversidade de comunidades microbianas no solo; (ii) manutenção da cobertura do solo, que promove energia (via exsudatos radiculares) para microrganismos de vida livre e simbióticos e produz enzimas extracelulares, além das enzimas liberadas pelas raízes das plantas.

2.8 CONSIDERAÇÕES FINAIS

A maior parte dos solos brasileiros, devido ao seu elevado grau de intemperização, apresenta limitações de fertilidade. Por outro lado, há necessidade do aumento da produção de alimentos para atender a crescente demanda decorrente do aumento da população. O aumento sustentável da produção de alimentos passa necessariamente pela correção da fertilidade dos solos com técnicas amigáveis ao ambiente, como o uso da adubação verde.

As espécies vegetais selecionadas como adubos verdes possuem características que proporcionam aumento do teor de matéria orgânica ao solo (especialmente em solos do semiárido, onde os teores de matéria orgânica são baixos ou muito baixos), incrementam os teores de nutrientes do solo de forma equilibrada, diminuem a compactação do solo, aumentam a disponibilidade de água do solo para as plantas e aumentam a atividade biológica e microbiológica. Além disso, durante sua decomposição, algumas substâncias liberadas podem atuar no controle de fitopatógenos do solo, enquanto outras podem favorecer determinados grupos de microrganismos benéficos do solo, os quais podem atuar como atenuantes de estresses bióticos e abióticos.

Para a obtenção dos efeitos desejados da adubação verde, é necessário conhecer os processos e fatores que interferem nas taxas de decomposição. A velocidade da liberação de nutrientes dos adubos verdes para a solução do solo depende das taxas de decomposição dos processos de mineralização e imobilização. Esses processos são influenciados pelo tipo de solo, clima e composição química dos adubos verdes. Quando se deseja utilizar materiais vegetais como adubos verdes, ou seja, como fonte de nutrientes, é desejável que sua composição química (como baixa relação C/N) favoreça as taxas de decomposição e mineralização líquida. Entretanto, a adição de materiais orgânicos com relação C/N mais elevada, com menor taxa de decomposição, proporciona uma maior permanência de matéria orgânica no solo, protegendo-o, assim, contra os processos de erosão.

Portanto, mais que um fornecedor de nutrientes às plantas, os adubos verdes funcionam como condicionadores do solo, ativando diversos processos biológicos, melhorando seus atributos químicos, físicos e biológicos e, finalmente, produzindo um efeito tampão no solo.

2.9 REFERÊNCIAS

BARROS, D. C.; LIRA JÚNIOR, M. A.; FRACETTO, F. J. C.; FRACETTO, G. G. M.; FERREIRA, J. S.; BARROS, D. J.; SILVA JUNIOR, A. F. Effects of different legume green manures on tropical soil microbiology after corn harvest. *Bragantia*, v. 79, n. 4, p. 630-640, 2020.

BATISTA, M. A.; INOUE, T. T.; ESPER NETO, M.; MUNIZ, A. S. Princípios de fertilidade do solo, adubação e nutrição mineral. *In:* BRANDÃO FILHO, J. U. T.; FREITAS, P. S. L.; BERIAN, L. O. S.; GOTO, R. *Hortaliças-fruto* [on-line]. Maringá: EDUEM, 2018. p. 113-162.

CHINELADO, G. *Vantagens e desvantagens de fazer adubação verde em sua propriedade.* Blog da Aegro para negócios rurais: Porto Alegre, 2021. Disponível em: https://blog.aegro.com.br/wp-content/uploads/2021/05/adubacao-verde-vantagens-e--desvantagens-20210521164043.pdf. Acesso em 20 jan. 2022.

CRUZ, B. L. S.; AMBRÓSIO, M. M. Q.; PORTO, M. A. F.; DANTAS, A. M. M.; NASCIMENTO, S. R. C.; NUNES, G. H. S. Efeito de adubos verdes sobre a podridão radicular de *Fusarium* em meloeiro (*Cucumis melo* L.). *Revista de Ciências Agrárias,* v. 59, p. 39-46l, 2016.

DONG, N.; HU, G.; ZHANG, Y.; QI, J.; CHEN, Y.; HAO, Y. Effects of green manure and tillage management on soil microbial community composition, nutrients and tree growth in a walnut orchard. *Cientific Reports*, v. 11, n. 1, p. 1688, 2021.

ETESAMI, H.; EMAMI, S.; ALIKHANI, H. A. Potassium solubilizing bacteria (KSB): Mechanisms, promotion of plant growth, and future prospects - a review. *Journal of Soil Science and Plant Nutrition*, v.17, n. 4, p. 897-911, 2017.

FORMINA, M. F.; SKOROCHOD, I. Microbial interaction with clay minerals and its environmental and biotechnological implications. *Minerals*, v. 10, n. 10, p. 1-54, 2020.

MALLIKARJUN, M. Green manuring and its advantages in agriculture. *AgroBios Newsletter*, v. 17, n. 7, p. 25-26, 2018.

MARSCHNER, H. *Marschner's mineral nutrition of higher plants*. vol. 89, London: Academic Press, 2012. 651p.

MOREIRA, F. M. S.; SIQUEIRA, J. O. *Microbiologia e bioquímica do solo*. Lavras, MG: Ufla, 2006. 729p.

NOVAIS, R. F.; ALVAREZ V., V. H.; BARROS, N. F.; FONTES, R. L. F.; CANTARUTTI, R. B.; NEVES, J. C. L. *Fertilidade do solo*. Viçosa, MG: SBCS, 2007. 1017p.

PEREIRA, N. S.; SOARES, I.; MIRANDA, F. R. Decomposition and nutrient release of leguminous green manure species in the Jaguaribe-Apodi region, Ceará, Brazil. *Ciência Rural,* v. 46, n. 6, p. 970-975, 2016.

POIRIER, V.; ANGERS, D. A.; ROCHETTE, P.; WHALEN, J. K. Initial soil organic carbon concentration influences the short-term retention of crop-residue carbon in the fine fraction of heavy clay soil. *Biology and Fertility of Soils*, v. 49, p. 527-535, 2013.

RAMANJANEYULU, A. V.; SAINATH, N.; SWETHA, D.; REDDY, R. U.; JAGADEESHWAR, R. Green manure crops: a review. *Biological Forum – An International Journal*, v. 13, n. 2, p. 445-455, 2021.

SILVA, R. C. P.; BEZERRA NETO, F.; SILVA, M. L.; BARROS JÚNIOR, A. P.; ALMEIDA, A. E. S.; VIEIRA, F. A. Effect of rooster tree green manure on carrot and lettuce intercropping system. *Revista Caatinga,* v. 31, n. 3, p. 551-559, 2018.

STEVENSON, F. J. *Cycles of soil: carbon, nitrogen, phosphorus, sulfur, micronutrients*. New York: John Wiley, 1986. 380p.

STOTT D, E.; ELLIOTT, L. F.; PAPENDICK, R. I.; CAMPBELL, G. S. Low temperature or low water potential effects on the microbial decomposition of wheat residue. *Soil Biology and Biochemistry*, v. 18, n. 6, p. 577-582, 1986.

THIMMANNA, D.; CHANNAKESHAVA, B. C.; JANGANDI, S.; NATARAJA, M. Influence of seasons, spacings, growth hormones and fertilizer levels on seed yield on sunhemp (*Crotalaria juncea* L.). *International Journal of Tropical Agriculture*, v. 32, n. 3-4, p. 525-531, 2014.

TILAK, K. V. B. R. Response of Sesbania green manuring and mungbean residue Incorporation on microbial activities for sustainability of a rice-wheat system cropping. *Journal of Agriculture and Rural Development in the Tropics and Subtropics*, v. 105, n. 2, p. 189-196, 2004.

VALADARES, R. V.; ÁVILA-SILVA, L.; TEIXEIRA, R. S.; SOUSA, R. N.; VERGÜTZ, L. Green manures and crop residues as source of nutrients in tropical environment. *In:* LARRAMENDY, M. L.; SOLONESKI, S. (ed.). *Organic fertilizers - From basic concepts to applied outcomes*. London: IntechOpen, 2016. p. 51-84.

VASANTHI, N.; SALEENA, L. M.; RAJ, S. A. Silica solubilization potential of certain bacterial species in the presence of different silicate minerals. *Silicon,* v. 10, p. 267-275, 2018.

VON OSTERROHT, M. O que e uma adubação verde: princípios e ações. *Agroecologia Hoje*, v. 14, p. 9-11, 2002.

WANG, X.; MA, H.; GUAN, C.; GUAN, M. Decomposition of rapeseed green manure and its effect on soil under two residue return levels. *Sustainability*, v. 14, p. 1-13, 2022.

WEIL, R. R.; MAGDOFF, F. Significance of soil organic matter to soil quality and health. *In:* MAGDOFF, F.; WEIL, R.R. (ed.). *Soil organic matter in sustainable agriculture*. Boca Raton: CCR Press 2004. cap. 1, p. 1- 43.

WHALEN, J. K. Managing soil biota-mediated decomposition and nutrient mineralization in sustainable agroecosystems. *Advances in Agriculture,* v. 2014, p. 1-13, 2014.

WHALEN, J. K.; SAMPEDRO, L. *Soil ecology and management*. Wallingford, UK: CABI Publishers, 2010. 320p.

Capítulo 3

CARACTERIZAÇÃO DE SOLOS E BIOMASSA

Francisco Nildo da Silva
Sandra Sely Silveira Maia E Silva
Juan Carlos de Souza Costa

3.1 ASPECTOS GERAIS

A região semiárida compreende cerca de 900.000 km^2, sendo quase toda formada pelo embasamento cristalino, com solos pouco profundos e pedregosos (MATALLO JÚNIOR, 2000). São caracteristicamente pobres em matéria orgânica, porém muito férteis, pois sofrem pouca ou nenhuma dissolução (DUQUE, 1980; PEREIRA *et al.*, 2001), revelando que cuidados especiais na hora de cultivá-los devem ser adotados visando principalmente à conservação desses solos.

Com relação à vegetação, a região semiárida tem uma grande diversidade de plantas nativas e introduzidas, constituída em sua maioria por Caatinga hiperxerófila de espécies arbóreas e herbáceas, heterogêneas nas espécies, portes e exigências (MENDES, 1986) e que têm ótimo potencial para serem usadas como adubação verde em cultivos agrícolas que podem contribuir para uso sustentável dos diferentes tipos de solos do semiárido.

3.2 CARACTERIZAÇÃO DOS SOLOS

Os solos encontrados no semiárido do Nordeste do Brasil são caracterizados pela grande variedade de tipos, desde solos mais novos pedologicamente, como os NEOSSOLOS (Quadro 1) até os mais velhos como os LATOSSOLOS (Quadro 2).

Quadro 1 – Classificação taxonômica, principais características e limitações de solos do semiárido nordestino pouco evoluídos pedologicamente

Classificação atual	**Antiga classificação**	**Ambiente predominante**	**Principais características**	**Capacidade e limitações de uso**
NEOSSOLOS QUARTZARÊNICOS	Areias Quartzosas	Planície litorânea, tabuleiros pré-litorâneos e planaltos sedimentares	Solos muito profundos, **excessivamente** drenados, ácidos e fertilidade natural muito baixa	Acidez excessiva; baixa fertilidade natural; susceptibilidade à erosão; baixa retenção de umidade.
NEOSSOLOS FLÚVICOS	Solos Aluviais	Planície fluvial	Solos profundos, mal drenados, textura indiscriminada e fertilidade natural muito baixa	Drenagem imperfeita; riscos de inundações; altos teores de sódio; susceptibilidade à erosão.
NEOSSOLOS LITÓLICOS	Litólicos	Depressões sertanejas e maciços residuais	Solos rasos, textura argilosa, fertilidade natural média, bastante susceptível à erosão, com fases pedregosas.	Pouca profundidade; pedregosidade; relevo dissecado; alta susceptibilidade à erosão.
NEOSSOLOS REGOLÍTICOS	Regossolos	Depressões sertanejas, planície litorânea e planícies fluviais	Solos profundos a **moderadamente** profundos, textura arenosa, **excessivamente** drenados, susceptíveis à erosão e fertilidade natural média.	Baixa retenção de umidade; susceptibilidade à erosão.

Classificação atual	Antiga classificação	Ambiente predominante	Principais características	Capacidade e limitações de uso
GLEISSOLOS	Gleissolos sálicos	Planícies fluviomarinhas	Solos orgânicos e salinos e mal drenados, muito ácidos e parcialmente submersos	Excesso de água; salinização; drenagem imperfeita; inundações.
VERTISSOLOS	Vertissolos	Planícies fluviais e níveis rebaixados das depressões sertanejas semiáridas	Solos rasos, mal drenados, textura argilosa e fertilidade natural alta	Drenagem imperfeita; susceptibilidade à erosão; baixa permeabilidade.
CAMBISSOLOS	Cambissolos	Planaltos sedimentares: Chapada do Apodi	Rasos e **moderadamente** profundos; textura argilosa, bem drenados de fertilidade natural alta	Presença eventual de pedregosidade; susceptibilidade à erosão.
CHERNOSSOLOS	Brunizem avermelhado	Depressões sertanejas dissecadas e maciços residuais.	**Moderadamente** profundos, textura argilosa, bem drenados de fertilidade natural alta.	Suscetibilidade à erosão; alto teor de matéria orgânica; impedimento à mecanização.

Fonte: Embrapa (2006)

Com relação aos solos mais evoluídos, como os LATOSSOLOS Vermelhos (Quadro 2), sua identificação é feita com base nos seus horizontes principais, com altas taxas de processos pedogenéticos. No Quadro 2 podem ser observadas as principais características e usos desses solos encontrados em ambientes geomorfologicamente distintos no relevo do semiárido brasileiro.

Quadro 2 – Classificação taxonômica, principais características e limitações de solos do semiárido nordestino bastante evoluídos pedologicamente

PLANOSSOLOS Nátricos	Planossolos solódicos	Planície fluvial e níveis rebaixados das depressões sertanejas semiáridas	Solos rasos e **moderadamente** profundos, mal drenados; textura indiscriminada, fertilidade natural média a baixa com problemas de sais	Deficiência ou excesso de água; altos teores de sódio; condições físicas ruins; drenagem imperfeita; susceptibilidade à erosão.
PLANOSSOLOS Sálicos	Solonetz solodizado	Planícies fluviolacustres e níveis rebaixados das depressões sertanejas semiáridas	Solos rasos a **moderadamente** profundos, mal drenados. Pedregosidade superficial, elevado teor de sódio trocável.	Deficiência ou excesso de água; alto teor de sódio; condições físicas ruins; susceptibilidade à erosão.
LATOSSOLOS	Latossolos vermelho-amarelos	Planaltos sedimentares (Planalto setentrional da Ibiapaba, Platô da Serra Grande, Chapada do Araripe, Chapada do Apodi, Depressões periféricas e Tabuleiros pré-litorâneos	Muito profundos e profundos, bem drenados, textura arenosa ou areno-argilosa, fertilidade natural média a baixa	Acidez; baixa fertilidade; baixa capacidade de retenção de umidade.
ARGISSOLOS	Podzólicos	Maciços residuais, Tabuleiro pré-litorâneo e Depressões sertanejas dissecadas (Pés-de-serras)	Rasos e profundos, textura média ou argilosa, **moderadamente** ou imperfeitamente drenados, fertilidade natural média a alta.	Relevo fortemente dissecado; drenagem imperfeita; pouca profundidade; dificuldade à mecanização devido ao seu alto grau de intemperismo.

LUVISSOLOS	Bruno não-cálcicos	Depressão sertanejas fracas a **moderadamente** dissecadas	**Moderadamente** profundos, textura média ou argilosa, **moderadamente** drenados e fertilidade natural alta.	pouca profundidade; susceptibilidade à erosão; pedregosidade que impede a mecanização.
NITOSSOLOS	Terra roxa estruturada	Depressões sertanejas	Profundos, textura argilosa, bem drenados de fertilidade natural alta	Presença eventual de pedregosidade; Susceptibilidade à erosão; Cerosidade.

Fonte: Embrapa (2006)

Demattê (2017) define levantamento pedológico como pesquisa de campo e laboratório, cuja síntese é o registro de observações, análises e interpretações de aspectos do meio físico, visando à caracterização e à classificação deste. Cada unidade de mapeamento delineada em um mapa possui um conjunto de propriedades inter-relacionadas que as distinguem das outras. Tal conjunto de propriedades é o que caracteriza um levantamento pedológico durável, que pode ser interpretado para diversos fins, em qualquer época, sempre que surjam propostas de uso e planejamento da terra. Essas informações são essenciais na avaliação do potencial ou das limitações de uma área, constituindo a base de dados para o estudo de viabilidade técnica e econômica de projetos e planejamento do uso, manejo e conservação de solos.

O semiárido (Figura 1) vem sofrendo elevada degradação ao longo do tempo, devido à interferência humana, a qual tem provocado modificações na paisagem local e regional. As principais ações humanas são principalmente a prática de desmatamento no preparo da terra para atividades agrícolas, confecção de tijolos, raleamento da vegetação e pisoteio do solo com a pecuária extensiva. Este modelo de ocupação e exploração adotado desde os primórdios até a época atual vem acentuando a degradação ambiental da região (SANTOS *et al.*, 2006).

Figura 1 – Delimitação do semiárido nordestino, destacando o aumento da área considerada semiárida no mapeamento de 2021

Fonte: Sudene (2021)

O semiárido nordestino tem enorme variabilidade edáfica, apresentando uma ampla diversidade de solos, de Cambissolos a Latossolos; alguns desses solos podem ser observados nas Figuras 2 e 3. Das 13 ordens de solos definidas no Sistema Brasileiro de Classificação de Solos (SANTOS *et al.*, 2018), todas são facilmente encontradas, em curto espaço de tempo. O Nitossolo é a ordem que raramente foi mapeada na região.

Figura 2 – Aspectos da subsuperfície (a) e dos ambientes (b, c) encontrados no solo da classe Latossolo Vermelho-Amarelo

Fonte: fotografias de Francisco Nildo da Silva

Figura 3 – Aspectos da subsuperfície (a) e dos ambientes (b, c) encontrados no solo da classe Cambissolo

Fonte: fotografias de Francisco Nildo da Silva

Há uma diversidade de manchas de solos nessa região, e isso está relacionado aos vários materiais de origens, tais como sedimentos aluviais e coluviais, dunas, mangues, calcário, arenito, micaxistos, quartzitos, basaltos, granitos e gnaisses. Deve-se mencionar, também, a sua localização no Brasil, como grande extensão, que recebe influência dos domínios amazônico, Cerrado, Mata Atlântica e Caatinga. Tal localização, bem definida, que divide o seu litoral em oriental e ocidental, pode contribuir para uma região de fenômenos geomorfológicos mais intensificados e para uma maior diversidade de materiais de origem, consequentemente para um maior número de manchas encontradas no semiárido. O enfoque apresentado tenta, de maneira simples, mostrar alguns comentários gerais sobre essas limitações e potencialidades para uso agrícola e não agrícola, tendo como base as características dos principais solos do semiárido (SILVA, 2010).

De acordo com Diniz *et al.* (2009), devido à degradação elevada da região, percebem-se já mudanças na paisagem local e regional, apresentando-se duas paisagens distintas: uma devido à remoção de sedimentos da parte elevada e a pedopaisagem de acúmulo de sedimentos na área de baixio com as pedoformas convexo-convexas, com as curvaturas maiores nos baixios. Na parte elevada há predominância do Luvissolo com relevo suave ondulado e, em geral, com pouco cascalho na superfície. A pecuária extensiva tem sido o uso mais comum nesses solos. A agricultura tem se restringido aos locais mais profundos. Nos baixios a predominância é dos Neossolos Flúvicos, onde se utiliza com relativa intensidade o cultivo de milho (*Zea mays* L.), feijão macassar (*Vigna unguiculata* L. Walp) e o algodão (*Gossypium hirsutum* L.), sendo que, de maneira geral, não há a prática da irrigação devido à limitação de água desses locais. Segundo Duarte (2002), a maioria dos solos no sertão semiárido nordestino são Neossolos Litólicos e os Luvissolos, que, por sua vez, são solos limitados para utilização agrícola, principalmente pela limitação de água e pela pedregosidade e pouca profundidade, merecendo cuidados especiais na hora de cultivá-los. Segundo Coelho *et al.* (2002), os Luvissolos ocupam na região semiárida cerca de 107 mil km^2, correspondendo a 89% da área de Luvissolos do Nordeste brasileiro.

O Rio Grande do Norte é o estado que apresenta a maior área do semiárido nordestino proporcional ao seu tamanho, chegando a mais de noventa por cento do seu território caracterizado como semiárido (SUDENE, 2021). Neste contexto de uso do solo no semiárido para a agricultura, o território do Rio Grande do Norte, é destacado pelo levantamento detalhado dos seus solos em cada região do Estado, como exemplo do vale do Assu, que se entende por nove municípios (Figura 4).

Figura 4 – Mapa de localização do Vale do Assu no Rio Grande do Norte

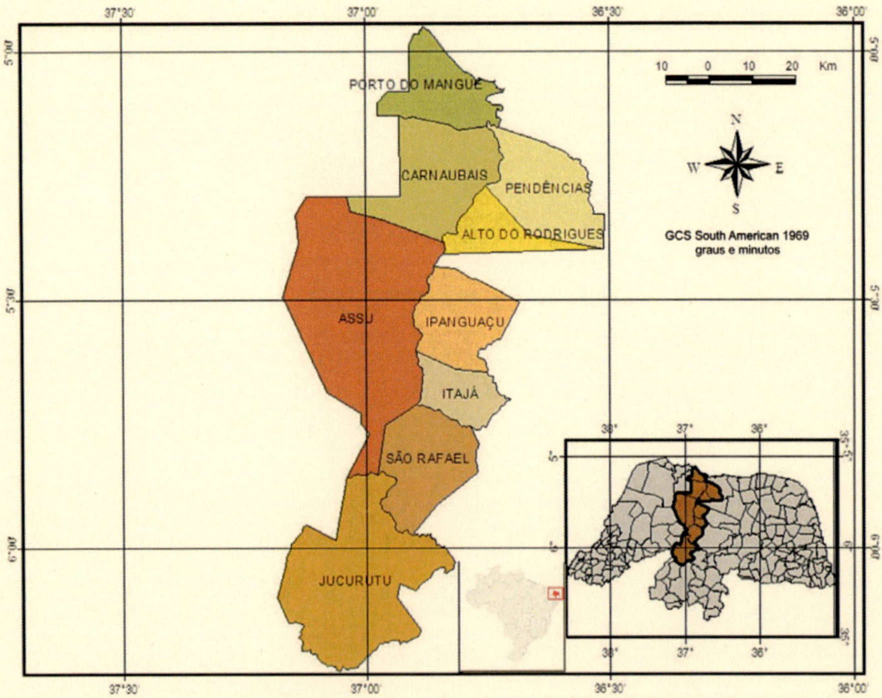

Fonte: Pfaltzgraff e Torres (2010)

Os tipos de solos mais comuns encontrados nessa região são Cambissolos Eutróficos, Latossolos, Luvissolos e Neossolos Quartzarênicos. O clima é quente e seco, com precipitação média por volta de 600 mm/ano, concentrando-se principalmente nos meses de fevereiro a maio; a umidade relativa é em torno de 65% e a temperatura média é de aproximadamente 28 °C. As altitudes na região variam de 0 a 745 m, sendo o ponto mais elevado em Jucurutu, município mais ao sul do Vale do Assu (PFALTZGRAFF; TORRES, 2010). Essa região é um grande polo produtor de frutas no estado, com destaque para a produção de banana e manga.

Diante de tudo isso, depreende-se que para a utilização de uma área de produção é necessário conhecer a capacidade agricultável do solo. Assim, é de fundamental importância fazer um levantamento e classificação dos solos da região, como foi feita no Vale do Assu, no Rio Grande do Norte. Atualmente, essa região destaca-se com uso intensivo dos seus solos em sistema de agricultura com irrigação (PFALTZGRAFF; TORRES, 2010). O solo é o principal contribuinte dos produtores, proporcionando a produção de alimentos. Nesse sentido, é imprescindível buscar alternativas que os ajudem na adoção de práticas sustentáveis de manejo do solo e, além disso, mostrar opções que não tenham custos elevados.

3.3 CARACTERIZAÇÃO DA BIOMASSA

O semiárido nordestino tem uma grande diversidade de plantas nativas e introduzidas, que tem ótimo potencial para serem usadas como adubação verde em cultivos agrícolas que podem contribuir para uso sustentável dos diferentes tipos de solos do semiárido. Na agricultura convencional, tem-se lançado mão do uso indiscriminado de substâncias químicas, principalmente os fertilizantes solúveis, que podem sofrer com o processo de lixiviação, resultando em redução de eficiência e perda de dinheiro pelo agricultor. Segundo a Associação Nacional de Difusão de Adubos (Anda) (2020), durante o ano de 2019, o Brasil consumiu mais de 36 milhões de toneladas de fertilizantes formulados, sendo que, destes, cerca de 81% foram provenientes de importação, o que demonstra a dependência de outros países como fornecedores de insumos e o grande consumo destes pelos produtores rurais brasileiros. Tendo em vista o uso inadequado de fertilizantes químicos, há uma necessidade de se procurar maneiras para produzir alimentos de forma mais sustentável ambientalmente, e que não desgaste o solo de modo tão agressivo como vem ocorrendo atualmente.

A adubação verde é uma técnica de manejo amplamente utilizada no Brasil, por meio do uso de plantas, chamadas comumente de "adubos verdes", com o objetivo de melhorar as condições físicas, químicas e biológicas dos solos, beneficiando o sistema produtivo e a qualidade do solo. Além disso, outros benefícios podem ser associados, tais como garantir a alimentação animal e aproveitamento de energia. Entretanto, há fatores que podem limitar ou apresentar desvantagem, tais como: custo de implantação e um planejamento detalhado (características das espécies, material propagativo, formas de utilização e outros) (WUTKE *et al.*, 2007).

3.3.1 Espécies vegetais utilizadas como adubos verdes e sua composição química

De acordo com Silva *et al.* (2009), a adubação verde pode ser realizada por diversas espécies, porém a preferência são as leguminosas, devido a sua capacidade de associar-se por simbioses às bactérias fixadoras de nitrogênio atmosférico, promovendo o enriquecimento desse nutriente em seus tecidos. Todavia, é importante mencionar que a adubação verde não se restringe unicamente ao uso de espécies leguminosas, sendo outras famílias botânicas também utilizadas: gramíneas, como o milheto (*Pennisetum glaucum*), capim-sudão (*Sorghum sudanense*), aveia preta (*Avena strigosa*); colza (*Brassica napus*) e nabo forrageiro (*Raphanus sativus*); girassol (*Helianthus annuus*); trigo sarraceno (*Fagopyrum esculentus*)), dentre outras (PEREIRA *et al.*, 2015).

Segundo Espíndola *et al.* (2004), na adubação verde não existe uma planta ideal. Contudo, é necessário fazer um estudo detalhado das espécies a serem utilizadas, condições edafoclimáticas da região, vantagens e desvantagens inerentes a cada espécie, eficiência e seu aproveitamento, dentre outras características da espécie. As principais características desejáveis no que concerne à espécie de adubação verde são: baixo custo de implantação, facilidade de manejo, ciclo de crescimento curto com elevada produção de fitomassa, eficiência ao uso da água, supressão de ervas daninhas, entre outros (BALIGAR; FAGERIA, 2007).

O semiárido nordestino apresenta diversas plantas espontâneas do Bioma com várias características que podem ser utilizadas como adubos verdes, melhorando o solo, e que, por meio de manejo adequado, estão sendo usadas eficientemente no cultivo de várias espécies de hortaliças (GÓES *et al.*, 2014). Entre essas plantas, está a jitirana (*Merremia aegyptia*), o mata-pasto (*Senna uniflora*) e a flor-de-seda (*Calotropis procera*). A jitirana é uma espécie espontânea de crescimento rápido, predominante no período chuvoso, com produtividade média de fitomassa verde e seca da ordem de 36000 e 4000 kg ha^{-1}, respectivamente, com teor de nitrogênio de 26,2 g kg^{-1} na matéria seca, possuindo relação C/N de 18/1 (LINHARES *et al.,* 2008).

A flor-de-seda é uma espécie que predomina durante todo o ano, devido a sua capacidade de manter-se verde e de rebrota no período de estiagem. Possui produtividade média de 1,0 t/ha/corte/ano de matéria seca, podendo ser feitos três cortes anuais com teor de nitrogênio de 22,6 g kg^{-1} na matéria seca e relação carbono nitrogênio de 20/1 (LINHARES *et al.*, 2012). O mata-pasto é uma leguminosa de ciclo anual, de larga ocorrência no Nordeste brasileiro. Estudos realizados com essas espécies espontâneas no semiárido norte rio-grandense evidenciam eficiência de sua utilização na produtividade de várias hortaliças.

Na produção de rúcula essa eficiência foi registrada com o uso de jitirana (LINHARES *et al.*, 2008) e de mata-pasto (LINHARES *et al.*, 2009) e na produção de coentro com o uso de jitirana e flor-de-seda (LINHARES *et al.*, 2012). Na produção de alface essa eficiência também foi obtida com o uso de jitirana (GÓES *et al.* 2011; BEZERRA NETO *et al.*, 2011) e na produção de cenoura com o uso da flor-de-seda (SILVA *et al.*, 2013). A quantidade de cada nutriente é uma característica que em determinados casos auxilia a escolha da espécie mais adequada para uso como adubação verde. Na Tabela 1, observa-se a composição química de espécies vegetais com teores de nutrientes que podem ser adicionados aos Luvissolos e Argissolos do semiárido como adubação verde, melhorando a qualidade do solo e diminuindo os custos de produção.

Tabela 1 – Concentração e quantidade acumulada de nutrientes na matéria seca de leguminosas em solo fertilizado

Leguminosas	Massa seca	Idade da planta (meses)	N	P	K	Ca	Mg
	t ha^{-1}		kg ha^{-1}				
Feijão-de-porco	6,4	6	216	20	43	70	51
Guandu	5,5	6	82	13	21	18	11
Mucuna preta	2,5	3	97	8	43	18	5
Mucuna anã	2	2	81	10	23	23	11
C. juncea	4,8	4	71	11	17	48	34
C. spectabilis	3	3	70	8	17	52	24

Fonte: Lopes e Alvez (2005)

Os efeitos promovidos pela adubação verde nas propriedades químicas do solo são bastante variáveis, dependendo de fatores como: espécie utilizada, manejo dado à biomassa, época de plantio e corte do adubo verde, tempo de permanência dos resíduos no solo, as condições locais e a interação entre esses fatores (ALCÂNTARA *et al.*, 2000).

A adubação verde pode proporcionar vários benefícios ao solo (AMBROSANO *et al.*, 2005). Entre esses benefícios estão o aumento na capacidade de infiltração de água no solo, evitando escoamento superficial e promovendo aumento do reservatório de água no solo; a proteção contra a erosão, evitando a desagregação do solo e o selamento superficial; a diminuição da amplitude térmica no solo, favorecendo macro e microrganismos; a promoção da reciclagem de nutrientes no perfil do solo, devido ao crescimento em profundidade das raízes, principalmente leguminosas; o aumento do teor de matéria orgânica no solo, da CTC e da soma de bases; e a diminuição da competição de plantas daninhas, devido a efeitos de supressão e alelopatia. Além disso, promovem o controle de fitonematoides e a redução da pressão de pragas e doenças, devido à quebra do ciclo da cultura.

Estudando a recuperação de um Latossolo vermelho-escuro distrófico degradado, com o uso de guandu (*Cajanus cajan* (L.) Millsp. e crotalária-júncea (*Crotalaria juncea* L.), Alcântara *et al.* (2000) registraram um desempenho superior com o uso do guandu, com e sem incorporação da biomassa do adubo no solo. Sabe-se que a adubação verde é importante para diminuir o impacto da compactação do solo causado por máquinas agrícolas, no entanto é interessante que as espécies utilizadas na adubação verde contenham um sistema radicular desenvolvido que penetre nas camadas mais compactadas do solo. Segundo Matheis, Azevedo e Victória Filho (2006), o nabo forrageiro (*Raphanus sativus* L.) se apresenta como uma boa opção para a descompactação do solo por ter um sistema radicular pivotante.

A atividade da microbiota do solo é responsável pela decomposição da matéria orgânica, pela ciclagem de nutrientes e pelo fluxo de energia do solo, e a biomassa microbiana e sua atividade têm sido apontadas como as características mais sensíveis às alterações na qualidade do solo, causadas por mudanças de uso e práticas de manejo (TRANNIN *et al.*, 2007). Essa biomassa é o compartimento da matéria orgânica do solo diretamente influenciada por fatores bióticos e abióticos, de tal forma que respostas a mudanças nos sistemas de uso e manejo do solo podem ser detectáveis muito mais rapidamente pela biomassa microbiana e seus metabólitos do que nos teores de carbono do solo, principalmente devido ao tempo de ciclagem da matéria orgânica (GAMA-RODRIGUES *et al.*, 2005).

Dessa forma, uma nova tecnologia foi criada pela Embrapa, chamada de Bioanálise de Solo ou BioAS, na qual se agrega o componente biológico às análises de rotina de solos e tem como base a análise da atividade das enzimas arilsulfatase e beta-glicosidase, respectivamente associadas aos ciclos do enxofre e do carbono. Por estarem relacionadas, direta ou indiretamente, ao potencial produtivo e à sustentabilidade do uso do solo, essas enzimas funcionam como bioindicadores e ajudam a avaliar a saúde dos solos. Valores elevados de atividade enzimática indicam sistemas de produção e/ou práticas de manejo do solo adequadas e sustentáveis. Ao contrário, valores baixos servem de alerta ao agricultor para uma reavaliação do sistema de produção na direção da adoção de boas práticas de manejo. (EMBRAPA, 2020).

A composição química, de acordo com Linhares *et al.* (2008), da jitirana com produtividade de fitomassa verde está em torno de 36 t ha^{-1}, teores de macronutrientes da ordem de 2,62% N; 0,17% P; 1,20% Ca; 0,04% K; e 1,08% Mg, e uma estreita relação C/N de 18:1. Outra espécie promissora é o mata-pasto, uma *fabaceae* herbácea de ciclo anual, com forte ocorrência natural no Nordeste brasileiro no período das chuvas. Apresenta teores de 23,6 g kg^{-1} de N; 10,2 g kg^{-1} de P e 10,0 g kg^{-1} de K (LINHARES *et al.*, 2009).

A flor-de-seda possui uma ampla distribuição geográfica, espalhando-se pelas regiões tropicais e subtropicais do mundo. Apresenta várias características positivas desejáveis, tais como a permanência das folhas durante os períodos mais críticos de estresse hídrico e rebrota vigorosa em resposta aos cortes. Além disso, possui grande disponibilidade de sementes, sem qualquer dormência e alta percentagem de germinação, o que facilita a produção de mudas ou o plantio direto e tolerância a solos salinos (LIMA; MACIEL, 2006). Apresenta também teores de 22,7 g kg^{-1}; 10,0 g kg^{-1} e 28,9 g kg^{-1}, para nitrogênio, fósforo e potássio, respectivamente (LINHARES *et al.*, 2012).

3.4 CONSIDERAÇÕES FINAIS

O sucesso da adubação verde nos solos do Semiárido Brasileiro deve levar em consideração tipo de solo, fertilidade, entre outros, nas áreas que serão cultivadas, bem como o tipo de planta que será utilizada na prática da adubação.

Nas áreas de cultivos recomendam-se solos mais evoluídos pedologicamente, como os Latossolos, que tem baixa fertilidade e baixo teor de matéria orgânica, pois são profundos e encontrados em ambientes planos e suavemente ondulados, possibilitando o uso de mecanização, respondendo assim positivamente e rapidamente ao aporte de matéria orgânica por meio da adubação verde.

Outro tipo de solo que pode ser usado são os Luvissolos, que são os mais encontrados no semiárido. Diferentemente dos Latossolos, são mais férteis com pouca matéria orgânica e também menos evoluídos, respondendo facilmente ao aporte de matéria orgânica, principalmente pela adição de ácidos orgânicos, que vão aumentar a solubilização dos minerais primários que são comuns nesse tipo de solo.

Por outro lado, sabe-se que a adubação verde é uma prática que traz resultados positivos quando bem aplicada no ambiente, pois proporciona uma série de benefícios nos sistemas agrícolas, principalmente no que concerne à melhoria das características do solo com a incorporação de biomassa de plantas adaptadas ao bioma Caatinga. É de fundamental importância que a espécie de planta escolhida nessa prática tenha características desejáveis, tais como: alta produção de fitomassa, facilidade de acesso para sua reprodução, baixo custo de implantação, eficiência no uso da água, entre outras. Entre as espécies adaptadas ao clima do semiárido estão a jitirana, mata-pasto e flor-de-seda. Resultados de pesquisa apresentados no Capítulo 6 têm evidenciado eficiência agroeconômica no uso da biomassa dessas espécies em sistemas agrícolas desenvolvidos no bioma Caatinga do Nordeste brasileiro.

3.5 REFERÊNCIAS

ALCÂNTARA, F. A.; FURTINI NETO, A. E.; PAULA, M. B.; MESQUITA, H. A.; MUNIZ, J. A. Adubação verde na recuperação da fertilidade de um latossolo vermelho escuro degradado. *Pesquisa Agropecuária Brasileira*, v.35, n. 2, p. 277-288, 2000.

AMBROSANO, E. J.; GUIRALDO, N.; CANTARELLA, H.; ROSSETTO, R.; MENDES, P. C. D.; ROSSI, F.; AMBROSANO, G. M. B.; AREVALO, R. A.; SCHAMMAS, E. A.; JUNIOR, I. A.; FOLTRAN, D. E. *Plantas para cobertura do solo e adubação verde aplicadas ao plantio direto*. Piracicaba: KP Potafos, 2005. 16p. (Encarte do Informações Agronômicas n. 112).

ANDA. *Pesquisa setorial.* São Paulo: Anda, 2020. Disponível em: www.anda.org.br.

ANDRADE, M. V. M.; SILVA, D. S.; ANDRADE, A. P.; MEDEIROS, A. N.; PIMENTA FILHO, E. C.; CÂNDIDO, M. J. D.; PINTO, M. S. C. Produtividade e qualidade da flor-de-seda em diferentes densidades e sistemas de plantio. *Revista Brasileira de Zootecnia*, v. 37, n. 1, p. 1-8, 2008.

BALIGAR, V. C.; FAGERIA, N. K. Agronomy and physiology of tropical cover crops. *Journal of Plant Nutrition*, v. 30, p. 1287-1339, 2007.

BEZERRA NETO, F.; GÓES, S. B.; SÁ, J. R.; LINHARES, P. C. F.; GÓES, G. B.; MOREIRA, J. N. Desempenho agronômico da alface em diferentes quantidades e tempos de decomposição de jitirana verde. *Revista Brasileira de Ciências Agrárias*, v. 6, n. 2, p. 236-242, 2011.

COELHO, M. R.; SANTOS, H. G.; SILVA, E. F.; AGLIO, M. L. D. O recurso natural solo. *In:* MANZATTO, C. V.; FREITAS JÚNIOR, E.; PERES, J. R. R. *Uso agrícola dos solos brasileiros*. Rio de Janeiro: Embrapa Solos, 2002. p. 1-11.

DEMATTÊ, J. A. LSO 660 – Tecnologia do solo. Universidade de São Paulo, Escola Superior de Agricultura "Luiz de Queiroz", Campus de Piracicaba, 2017. Disponível em: https://edisciplinas.usp.br/pluginfile.php/4097805/mod_resource/content/0/MC_apos_ completa_2017.pdf. Acesso em: 18 abr. 2023.

DINIZ FILHO, E. T.; ERNESTO SOBRINHO, F.; SILVA, F. N.; MARACAJÁ, P. B.; MAIA, S. S. S. Caracterização e uso de solos em região semi-árida do médio oeste do Rio Grande do Norte. *Revista Caatinga*, v. 22, n. 3, p. 108-116, 2009.

DUARTE, S. L. *A sustentabilidade agrícola dos solos no assentamento de Lagoa Vermelha, município de Upanema - RN*. 2002. 37 p. Monografia (Graduação em Engenharia Agronômica) – Escola Superior de Agricultura de Mossoró, Mossoró, RN, 2002.

DUQUE, J. G. *Solo e água no polígono das secas*. 5. ed. Mossoró, RN: Fundação Guimarães Duque, 1980. 273 p. (Coleção Mossoroense).

EMBRAPA. *Sistema Brasileiro de Classificação de Solos*. 2. ed., Rio de Janeiro: Embrapa, 2006. 412p.

EMBRAPA. *BioAS – Tecnologia de Bioanálise de Solo*. 2020. Disponível em: https://www.embrapa.br/busca-de-solucoes-tecnologicas/-/produto-servico/6047/bioas--tecnologia-de-bioanalise-de-solo-. Acesso em: 28 fev. 2023.

ESPÍNDOLA, J. A. A.; ALMEIDA, D. L.; GUERRA, J. G. M. *Estratégias para utilização de leguminosas para adubação verde em unidades de produção agroecológica*. Seropédica: Embrapa Agrobiologia, 2004. 24p. (Embrapa Agrobiologia. Documentos, 174).

GAMA-RODRIGUES, E. F.; BARROS, N. F.; GAMA-RODRIGUES, A. C.; SANTOS, G. A. Nitrogênio, carbono e atividade da biomassa microbiana do solo em plantações de eucalipto. *Revista Brasileira de Ciências do Solo*, v. 29, n. 6, p. 393-901, 2005.

GÓES, S. B.; BEZERRA NETO, F.; LINHARES, P. C. F.; GÓES, G. B.; MOREIRA, J. N. Desempenho produtivo da alface em diferentes quantidades e tempos de decomposição de jitirana seca. *Revista Ciência Agronômica*, v. 42, n. 4, p. 1036-1042, 2011.

GÓES, S. B.; SÁ, J. R.; DUDA, G. P.; BEZERRA NETO, F.; SILVA, M. L.; LINHARES, P. C. F. Changes in the pH and macronutrients in soil fertilized with hairy woodrose in different amounts and times of incorporation. *Revista Caatinga*, v. 27, n. 3, p. 1-10, 2014.

LIMA, G. F. C.; MACIEL, F. C. (2006). Conservação de forrageiras nativas e introduzidas. *In:* CONGRESSO BRASILEIRO DE ZOOTECNIA, 16, 2006, Recife. *Anais* [...]. Recife-PE: SBZ, 2006. v. 16.

LINHARES, P. C. F.; LIMA, G. K. L.; MADALENA, J. A. S.; MARACAJÁ, P. B.; FERNANDES, P. L. O. Adição de jitirana ao solo no desempenho de rúcula cv. Folha Larga. *Revista Caatinga*, v. 21, n. 5, p. 89-94, 2008.

LINHARES, P. C. F.; SILVA, M. L.; PEREIRA, M. F. S.; BRITO, B. F.; DINIZ FILHO, E. T. Velocidade de decomposição do mata-pasto no desempenho agronômico da rúcula (*Eruca sativa*) cv. Cultivada. *Revista Verde de Agroecologia e Desenvolvimento Sustentável*, v.4, n. 2, p. 106-112, 2009.

LINHARES, P. C. F.; SOUSA, A. J. P.; PEREIRA, M. F. S.; ALVES, R. F.; MARACAJÁ, P. B. Proporções de jitirana (*Merremia aegyptia* L.) com flor-de-seda (*Calotropis procera* (Ait.) R. Br.) no rendimento de coentro. *Agropecuária Científica no Semi-Árido*, v. 8, n. 4, p. 44-48, 2012.

LOPES, O. M. N.; ALVEZ, R. N. B. *Adubação verde e plantio direto: Alternativas de manejo agroecológico para a produção agrícola familiar sustentável*. Belém: Embrapa Amazônia Oriental, 2005. (Documentos, 212). 34p.

MATALLO JÚNIOR, H. A desertificação no Brasil. *In:* OLIVEIRA, T. S.; ASSIS JÚNIOR, R. N.; ROMERO, R. E.; SILVA, J. R. C. (ed.). *Agricultura, sustentabilidade e o Semi-árido*. Fortaleza: DCS/UFC, 2000. p. 89-113.

MATHEIS, H. A. S. M.; AZEVEDO, F. A.; VICTÓRIA FILHO, R. Adubação verde no manejo de plantas daninhas na cultura de citros. *Laranja*, v. 27, n. 1, p. 103-110, 2006.

MENDES, B. V. *Alternativas tecnológicas para a agropecuária do semi-árido*. 2. ed., São Paulo: Nobel, 1986. 171 p.

PEREIRA, B. B. M.; LINHARES, P. C. F.; OLIVEIRA, J. D.; SANTOS, B. R. V.; MARACAJÁ, P. B. Eficiência econômica de cultivares de coentro consorciado com rabanete adubado com jitirana mais esterco bovino. *Revista Verde de Agroecologia e Desenvolvimento Sustentável*, v. 10, n. 3, p. 23-28, 2015.

PEREIRA, I. M.; ANDRADE, L. A.; COSTA, J. R. M.; DIAS, J. M. Regeneração natural em um remanescente de caatinga sob diferentes níveis de perturbação, no agreste paraibano. *Acta Botânica Brasílica*, v. 15, n. 3, p. 413-426, 2001.

PFALTZGRAFF, A. S.; TORRES, F. S. M. *Geodiversidade do estado do Rio Grande do Norte*. Recife: CPRM, 2010. 227p.

SANTOS, H. G.; JACOMINE, P. K. T.; ANJOS, L. H. C.; OLIVEIRA, V. A.; LUMBRERAS, J. F.; COELHO, M. R.; ALMEIDA, J. A.; ARAUJO FILHO, J. C.; OLIVEIRA, J. B.; CUNHA, T. J. F. *Sistema brasileiro de classificação de solos*. 5. ed., rev. e ampl. Brasília, DF: Embrapa, 2018. 356p.

SANTOS, L. C.; MOURA, U. C.; SIZENANDO FILHO, F. A.; MESQUITA, L. X.; COSTA, Y. C. S. Estudo de uma flora herbácea em Jucurutu no Seridó do Estado do RN. *Revista Verde de Agricultura Alternativa*, v. 1, n. 2, p. 86-99, 2006.

SILVA, F. N. *Geodiversidade do estado do Rio Grande do Norte*. Cap 9. Solos. Recife: CPRM, 2010. 227.

SILVA, M. L.; BEZERRA NETO, F.; LINHARES, P. C. F.; BEZERRA, A. K. H. Produção de cenoura fertilizada com flor-de-seda (*Calotropis procera* (Ait.) R. Br.). *Revista Ciência Agronômica*, v. 44, n. 4, p. 732-740, 2013.

SILVA, P. C. G.; FOLONI, J. S. S.; FABRIS, L. B.; TIRITAN, C. S. Fitomassa e relação C/N em consórcios de sorgo e milho com espécies de cobertura. *Pesquisa Agropecuária Brasileira*, v. 44, n. 11, p. 1504-1512, 2009.

SUDENE. *Delimitação do Semiárido – 2021*. Recife: SUDENE, 2021. 272p

TRANNIN, I. C. B.; SIQUEIRA, J. O.; MOREIRA, F. M. S. Características biológicas do solo indicadoras de qualidade após dois anos de aplicação de biossólido industrial e cultivo de milho. *Revista Brasileira de Ciência do Solo*, v. 31, n. 5, p. 1173-1184, 2007.

WUTKE, E. B.; AMBROSANO, E. J.; RAZERA, L. F.; MEDINA, P. F.; CARVALHO, L. H.; KIKUTI, H. *Bancos comunitários de sementes de adubos verdes: Informações técnicas*. Brasília: Ministério da Agricultura, Pecuária e Abastecimento, 2007. 52p.

Capítulo 4

MODELOS APROXIMATIVOS DE RESPOSTAS DE CULTURAS À ADUBAÇÃO

Francisco Bezerra Neto
Josinaldo Lopes Araújo Rocha

Os fertilizantes constituem-se em um recurso básico e importante para a produção das culturas, devido ao fato de os nutrientes fornecidos por eles serem essenciais para a sobrevivência das plantas, animais e seres humanos. Segundo Reetz (2017), o manejo adequado dos fertilizantes é um ponto-chave para o uso racional e eficiente de nutrientes com vistas à minimização dos possíveis impactos ambientais negativos que possam advir dessa prática.

O estabelecimento adequado da relação entre a produção agrícola e taxas de fertilizantes aplicadas é fundamental para a agricultura, uma vez que este conhecimento possibilita a manutenção da fertilidade do solo, o desenvolvimento de estratégias de adubação e o uso econômico de recursos (FERREIRA; ZOCCHI; BARON, 2017).

A resposta de uma cultura à adição de nutrientes ao solo depende das condições do ambiente, tais como clima, solo, planta e manejo. Teoricamente, a resposta de uma cultura às quantidades disponíveis de um nutriente no solo apresenta a curva apresentada na Figura 1.

Figura 1 – Regiões de resposta de uma cultura à adição de um nutriente ao solo

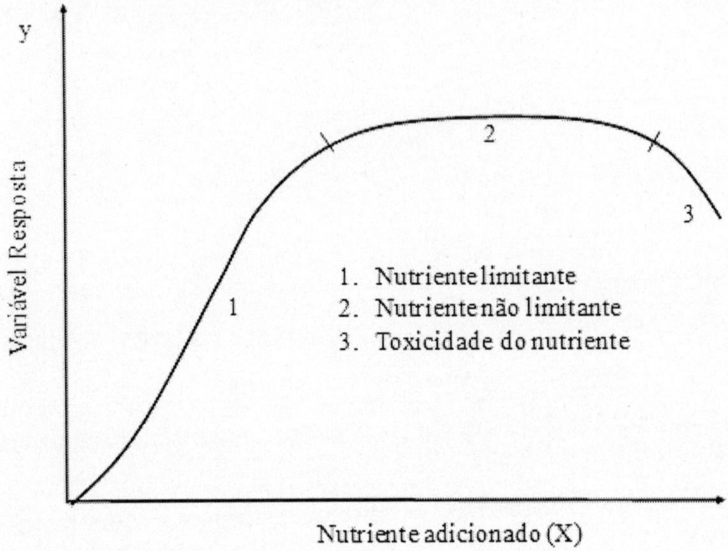

Fonte: adaptado de Alvarez (1985)

Segundo ALVAREZ (1985), essa curva teórica de resposta apresenta três regiões para expressar a relação entre a resposta da cultura e a quantidade de nutriente adicionada ao solo (Figura 1). Na região 1, onde o nutriente é limitante, existe incremento de crescimento e produção da cultura para incrementos na quantidade disponível de nutriente. Na região 2, o nutriente em estudo não é limitante, e suas adições não incrementam o crescimento e produção, mesmo aumentando a quantidade disponível do nutriente. Esta região é geralmente referida como "consumo de luxo" (MALAVOLTA; VITTI; OLIVEIRA, 1997). Na região 3, os incrementos na quantidade disponível do nutriente apresentam efeitos tóxicos com diminuição do crescimento e produção. Esse mesmo autor, baseado na análise dessa curva teórica, reporta que a forma da curva observada em um experimento de pesquisa varia não só em função das condições do meio ambiente, mas também, e fundamentalmente, de acordo com o intervalo em que variam as doses do nutriente em estudo. Considerando o intervalo apresentado nessa curva teórica, as formas de curvas-respostas variarão em conformidade com o segmento desse intervalo. Vários segmentos do intervalo em que variam as doses do nutriente na curva teórica teriam respostas que se ajustam a diferentes modelos matemáticos aproximativos.

Alguns modelos matemáticos têm sido utilizados para descrever a relação teórica entre a produção de culturas e as doses de fertilizantes (RODRIGUES *et al.*, 2018; MAINGI; MBUVI, 2020; KLIEMANN, 1995; HOCHMUTH; HANLON; OVERMAN, 2022; PAULINO, 2016; SILVA, 2018; LINO *et al.*, 2021; ARROBAS; RODRIGUES, 2009; BEZERRA NETO *et al.*, 2019; FERREIRA; ZOCCHI; BARON, 2017).

4.1 MODELOS PARA UMA VARIÁVEL DEPENDENTE (RESPOSTA) COM UMA VARIÁVEL INDEPENDENTE (FATOR)

Expressões matemáticas de alguns modelos encontradas na literatura que expressam a relação entre a produção de culturas e doses de adubos estão apresentadas a seguir, com seus comportamentos mostrados nas Figuras.

4.1.1 Modelo linear *plateau*

Este modelo é definido pelas expressões matemática 1 e 2:

$$Y = a_0 + a_1X, \text{ se } X < C \qquad (1)$$

$$Y = P, \text{ se } X \geq C \qquad (2)$$

onde Y é a produtividade da cultura; a_0 e a_1 são intercepto e coeficiente linear, respectivamente; X é a dose do adubo; a constante C é o local da interseção do modelo linear com o *plateau*; P é a produtividade quando se atinge o *plateau* (Figura 2).

Este modelo é útil nos casos em que o comportamento da produtividade em função da dose do fator limitante cresce de forma linear, mas a partir da dose subsequente ocorre uma mudança brusca seguida de estabilização (um *plateau*), cujos pontos se alinham paralelamente ao eixo das abscissas. Diversos fatores podem ser responsáveis pela formação desse *plateau*, como a limitação genética das culturas em responder às maiores doses, sem necessariamente se intoxicarem, ou podem ocorrer perdas de nutrientes por volatilização (N) e lixiviação (K), que geralmente são mais elevadas nas maiores doses. A vantagem deste modelo é que o ponto de máximo coincide com a mudança brusca de comportamento da curva, ou seja, a produtividade máxima P é o próprio *plateau* obtido na dose $X \geq C$.

Figura 2 – Produtividade comercial de bulbos de cebola em função de doses de nitrogênio

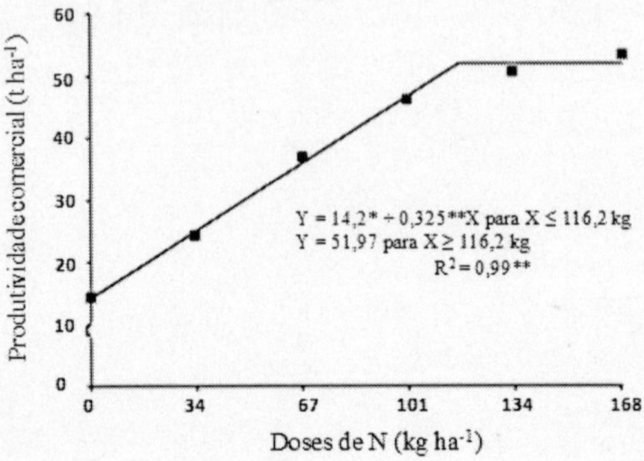

Fonte: adaptado de Rodrigues *et al.* (2018)

4.1.2 Modelo quadrático *plateau*

O modelo é definido pelas expressões matemática 3 e 4:

$$Y = a_0 + a_1X + a_2X^2 \text{ se } X < C \quad (3)$$

$$Y = P \text{ se } X \geq C \quad (4)$$

onde Y, X, a_0, a_1 e C estão definidos no modelo 1 e a_2 é o coeficiente quadrático (Figura 3).

Figura 3 – Produtividade de tubérculos de batata em função de doses de potássio

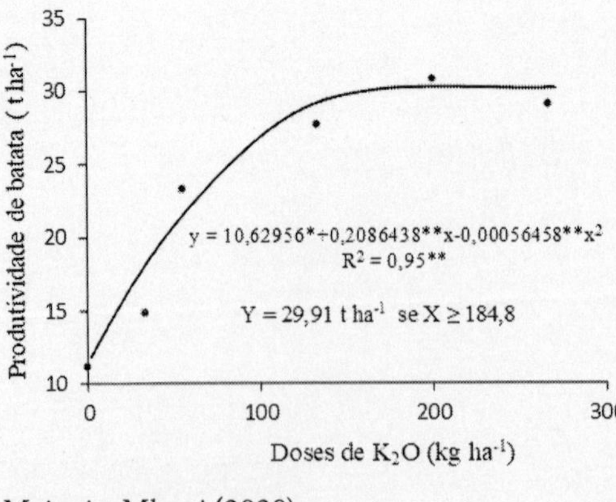

Fonte: adaptado de Maingi e Mbuvi (2020)

Assim como no modelo linear *plateau*, o modelo quadrático *plateau* é constituído de duas partes. A primeira parte é o modelo quadrático, ou seja, uma hipérbole, enquanto a segunda parte é constituída de uma linha de pontos paralelos ao eixo das abscissas, devido à mudança brusca de direção dos pontos, seguida de estabilização. Assim como no modelo linear *plateau*, a produtividade máxima é obtida no *plateau*, ou seja, no fim da hipérbole. Embora seja semelhante ao modelo quadrático, com este modelo se obtém um maior valor de R^2 (coeficiente de determinação) quando comparado ao modelo quadrático.

4.1.3 Modelo de Mitscherlich

Em 1909, o alemão E. A. Mitscherlich, tomando como base uma série de ensaios, desenvolveu uma equação relacionando o crescimento de plantas ao suprimento de nutrientes (TISDALE; NELSON, 1975). Este modelo se tornou popular nos livros sobre adubação das culturas e até hoje é muito utilizado em ensaios de adubação, sendo mais conhecido como Lei de Mitscherlich ou Lei dos incrementos não proporcionais. Embora o modelo seja similar ao quadrático, uma das suas caraterísticas é a elevada resposta, logo nas primeiras doses do fator limitante e em seguida uma tendência a estabilização, mas sem se tornar paralelo ao eixo das abscissas.

Matematicamente a Lei é definida pela expressão matemática 5:

$$Y = A\,[1 - 10^{-c(X+b)}] \qquad (5)$$

onde Y e X foram definidos anteriormente; A é a produtividade máxima atingível; c e b são constantes e correspondem ao coeficiente de eficácia do fertilizante e a estimativa do teor do adubo contido no solo, em forma assimilável pelas plantas, respectivamente (Figura 4).

Figura 4 – Produtividade de grãos de soja em função de doses de fósforo

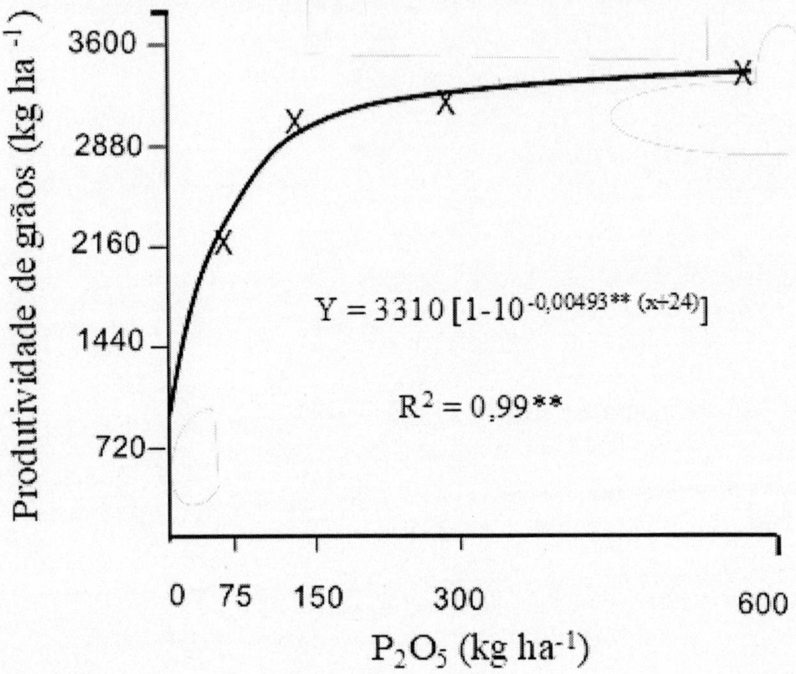

Fonte: adaptado de Kliemann (1995)

4.1.4 Modelo logístico

Embora não seja um dos mais empregados nos ensaios de adubação, observa-se que seu gráfico se assemelha até certo ponto ao modelo quadrático *plateau* e ao modelo de Mitscherlich. Contudo, o modelo se diferencia destes por apresentar menor intensidade da resposta nas primeiras doses do fertilizante e por apresentar uma tendência de decréscimo nas maiores doses do fator limitante.

O modelo é definido pela expressão matemática 6:

$$Y = \frac{A}{1 + e^{[(b-cX)]}} \qquad (6)$$

onde Y e X, A, b e c foram definidos anteriormente (Figura 5).

Figura 5 – Produtividade de alface em função de doses de nitrogênio. Produtividade correspondente à 90% da máxima (25 t/acre)= (22,5 t/acre) ocorre com 137 lbs/acre de N. Produtividade corresponde à 95% do máximo (23,8 t/acre) ocorre a 168 lbs/acre de N.

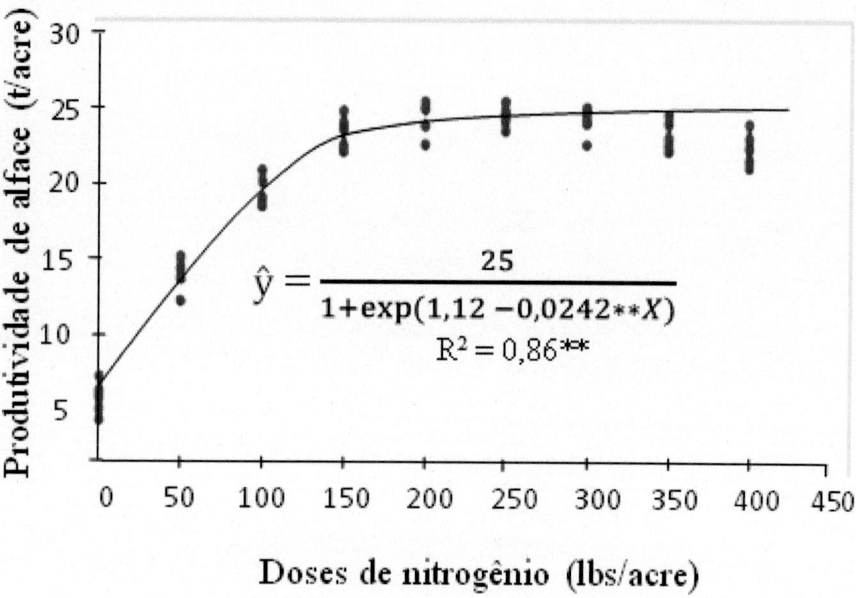

Fonte: adaptado de Hochmuth, Hanlon e Overman (2022)

4.1.5 Modelo de raiz quadrática

Este modelo está presente na lista dos modelos, em muitos programas de análises estatísticas experimentais. Ele se adéqua bem nos casos em que se obtém uma resposta mais intensa nos primeiros níveis do fator limitante com posterior tendência de declínio. Muitos fatores edáficos e da planta podem ser responsáveis por esse comportamento, a exemplo de plantas muito responsivas às baixas doses de um nutriente, mas com baixo potencial genético de resposta a doses mais elevadas.

O modelo é definido pela expressão 7:

$$Y = a_0 + a_1X^{0,5} + a_2X \qquad (7)$$

onde Y, a_0, a_1, a_2 e X foram anteriormente definidos (Figura 6).

Figura 6 – Produtividade comercial de frutos de pimentão 'Atlantis' em função de doses de nitrogênio

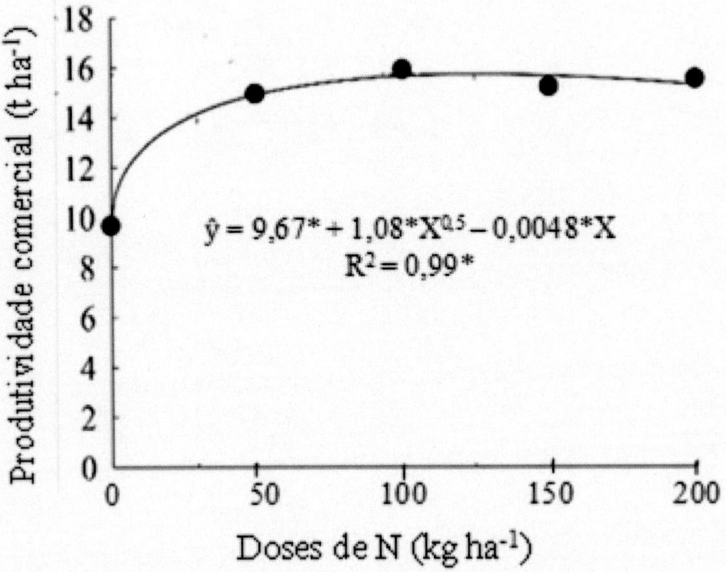

Fonte: adaptado de Paulino (2016)

4.1.6 Modelo quadrático

Embora nem sempre seja o mais adequado, dependendo dos dados que se tem, certamente é a expressão matemática mais empregada para expressar a relação entre o crescimento, produção ou produtividade e doses de um determinado fertilizante. Este fato se deve possivelmente à facilidade para se plotar o modelo no programa Microsoft Excel e a facilidade matemática de se obter o ponto de produção máxima. Contudo, nem sempre se consegue obter valores de R^2 satisfatórios com este modelo, o que pode proporcionar um elevado erro de estimativa na otimização das doses do fertilizante testado.

O modelo é definido pela expressão 8:

$$Y = a_0 + a_1X + a_2X^2 \tag{8}$$

onde Y, a_0, a_1, a_2 e X foram anteriormente definidos (Figura 7).

Figura 7 – Produtividade do abacaxizeiro 'Pérola' em função de doses de P_2O_5 aplicadas em um Argissolo Vermelho-Amarelo distrófico endoeutrófico abrúptico (PAea)

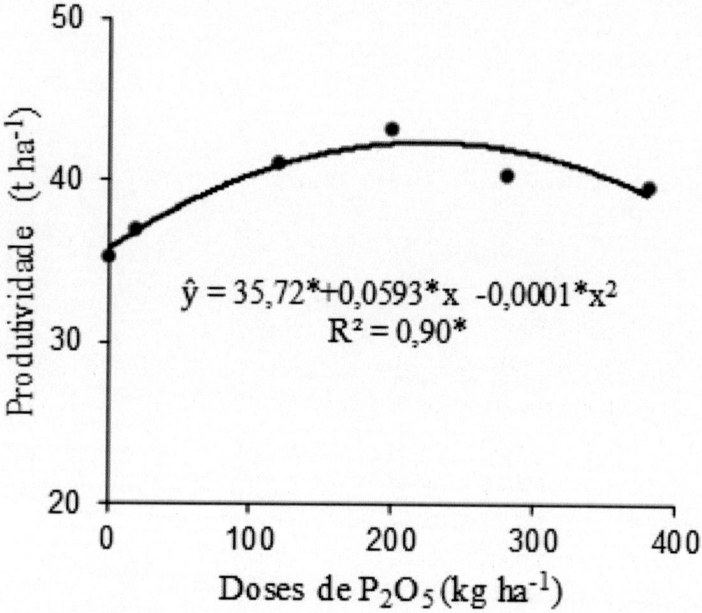

Fonte: adaptado de Silva (2018)

4.1.7 Modelo exponencial assintótico

Definido pela expressão 9:

$$Y = a + b\,(\exp)^{(-cX)} \qquad (9)$$

onde Y, a, b, c e X foram anteriormente definidos (Figura 8).

O modelo é útil nos casos em que os pontos da curva se alinham de forma similar a uma reta com baixa inclinação, mas o ajuste não é bom o suficiente para se fazer uma adequada estimativa do ponto de máximo utilizando-se a equação da reta. Até certo ponto, a curva exponencial assintótica também se assemelha a uma hipérbole, mas com o diferencial de que a primeira não atinge o ponto de máximo como a hipérbole.

Figura 8 – Produção de tubérculos de batata em função das dosagens de nitrogênio (N) aplicadas. As barras verticais representam o intervalo de confiança para a média (< 0,05)

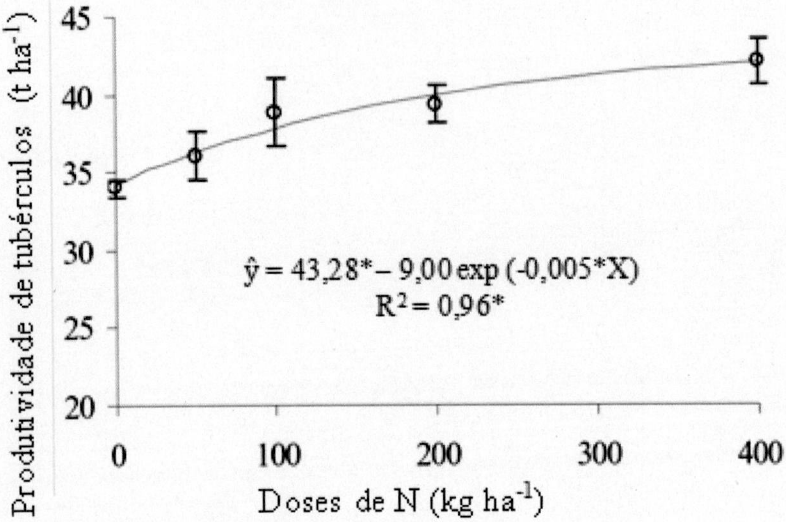

Fonte: adaptado de Arrobas & Rodrigues (2009)

4.1.8 Modelos biquadrado, cúbico e cúbico inverso

Estes modelos têm em comum o fato de seus gráficos iniciarem-se com um crescimento menos acentuado que outros modelos, como o logístico e o da raiz quadrada, e pelo fato de atingirem o ponto de máximo claramente definido. Estes modelos são muito úteis nos casos em que a distribuição dos pontos "lembra" uma parábola, mas quando se emprega o modelo quadrático, quase sempre os valores de R^2 são inferiores a 0,70. Assim, estes modelos são uma importante opção para diminuir os erros de estimativas do ponto de máximo. A seguir é apresentada a expressão matemática genérica de cada um desses modelos seguidos de um exemplo prático.

O modelo biquadrado é definido pela expressão 10:

$$Y = a_0 + a_2X^2 + a_4X^4 \qquad (10)$$

onde Y, a_0, a_2 e X foram anteriormente definidos e a_4 é o coeficiente do quarto grau (Figura 9).

Figura 9 – Produtividade de raízes totais de rabanete em função de quantidades de biomassa de *M. aegyptia* e *C. procera* em duas estações de cultivos

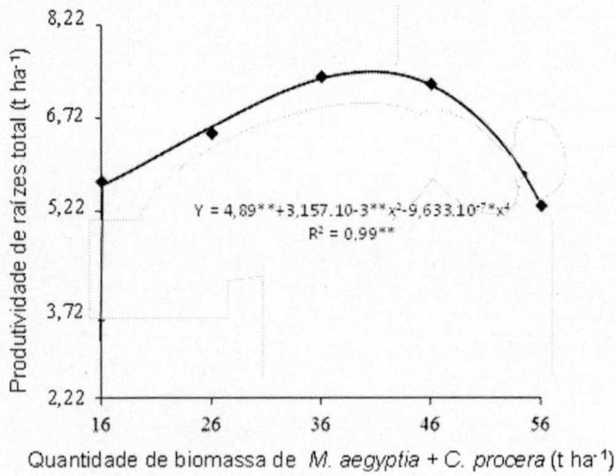

Fonte: adaptado de Lino *et al.* (2021)

O modelo cúbico é definido pela expressão 11:

$$Y = a_0 + a_2X^2 + a_3X^3 \tag{11}$$

onde Y, a_0, a_2 e X foram anteriormente definidos e a_3 é o coeficiente do cúbico (Figura 10).

Figura 10 – Produtividade comercial de raízes de cenoura em sistema consorciado com caupi sob diferentes quantidades de biomassa de *C. procera* incorporadas ao solo em ambiente semiárido

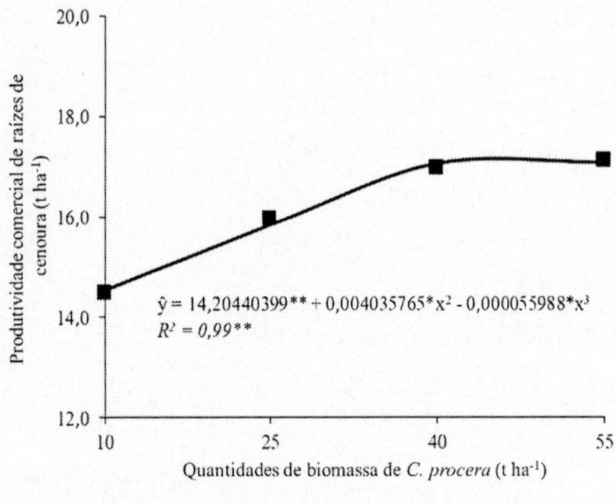

Fonte: Bezerra Neto *et al.* (2019)

O modelo cúbico inverso definido pela expressão 12:

$$Y^{-1} = a_0 + a_1X^2 + a_2X^3 \tag{12}$$

onde Y, a_0, a_2, a_3 e X foram anteriormente definidos (Figura 11).

Figura 11 – Produtividade comercial de folhas de couve em função de diferentes quantidades equitativas de biomassa de *M. aegyptia* e *C. procera* incorporadas ao solo em ambiente semiárido

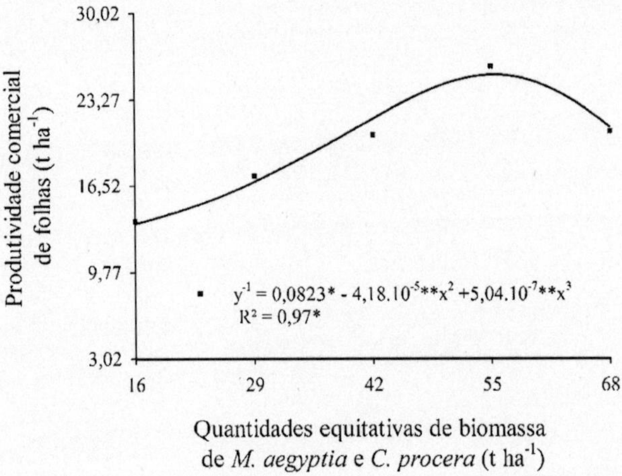

Fonte: adaptado de Ferreira, Zocchi e Baron (2017)

Para a seleção do modelo mais apropriado para descrever a relação entre produtividade das culturas (resposta) e aplicação de fertilizantes (fator), é necessário considerar aspectos de ordem teórica e de aplicação prática. É fundamental que se conheça "a priori" a forma de resposta em função da adubação, ou seja, quais leis biológicas regem a relação fator-resposta do fenômeno em estudo. No campo da fertilidade de solos, existem algumas leis ou princípios fundamentais para aplicação criteriosa de fertilizantes, entre elas, a Lei do mínimo, Lei dos incrementos decrescentes e a Lei do máximo. Essas leis são importantíssimas no conhecimento de crescimento e produção da cultura.

Em relação aos aspectos de ordem prática, é de grande de valia se ter ideia da potencialidade de resposta do material usado como adubo, do efeito interativo do solo, clima, planta e manejo, dentro do intervalo do material que se está testando, porque é fundamental para escolha das doses para procedimentos futuros de produção.

Na seleção de modelos também é importante se ter especial interesse na obtenção de parâmetros das funções de resposta que apresentem correlações com certas características mineralógicas, físicas, químicas, físico-químicas ou microbiológicas dos solos. Outro interesse relevante estaria na definição mais exata possível da dose recomendável, com o intuito de maximizar tanto a produtividade como os lucros, ou também minimizar custos e/ou riscos de produção e comercialização.

Assim, a escolha de um modelo matemático mais apropriado para descrever a relação entre produtividade das culturas (resposta) e aplicação de fertilizantes (fator) deve-se basear, entre outros, nos seguintes critérios: a lógica biológica do fenômeno, significância do quadrado médio da regressão, não significância do F para falta de ajustamento, alto valor do coeficiente de determinação (R^2), significância dos parâmetros da regressão e ausência de padrão no gráfico de resíduos versus valores previstos. Além desses critérios, é preciso considerar a maximização da produtividade e do lucro (ALVAREZ, 1985).

4.2 MODELOS PARA UMA VARIÁVEL DEPENDENTE (RESPOSTA) COM DUAS VARIÁVEIS INDEPENDENTES (FATOR 1 E FATOR 2)

A otimização de respostas de experimentos biológicos com dois fatores quantitativos pode ser feita por meio da metodologia de superfície de resposta (MSR) (BREZOLIN *et al.*, 2016; MAMANN *et al.*, 2017). Este tipo de procedimento de análise foi inicialmente descrito por Box e Wilson (1951) e tem como vantagem a possibilidade de avaliação simultânea dos efeitos de dois ou três fatores quantitativos em estudo, sobre uma determinada variável de resposta. Essa metodologia envolve princípios de regressão múltipla, e, apesar da complexidade dos cálculos para a obtenção das doses de otimização da produção, atualmente a existência de programas computacionais facilita bastante o seu emprego (CRUZ, 2006).

4.2.1 Modelo linear de superfície de resposta

Como o próprio nome indica, as superfícies de respostas são modelos tridimensionais, cuja expressão matemática representa uma superfície no espaço gerada por três coordenadas. Os modelos lineares geralmente são utilizados quando os fatores 1 e 2 (exemplo: doses de N e doses de P) influenciam a produtividade ou crescimento de forma linear.

Alguns modelos matemáticos têm sido utilizados para descrever a relação teórica entre a produção de culturas e quantidades de fertilizantes e outro fator quantitativo, como densidades populacionais de plantas, em experimentos fatoriais (GUERRA, 2021; LINO *et al.*, 2021). As expressões matemáticas desses modelos seguidas de um exemplo prático encontram-se descritas a seguir.

a.

$$Z = a + bX + cY \tag{13}$$

Definido pela expressão matemática 13, onde Z é a produtividade da cultura; a, b e c são intercepto e coeficiente linear de cada variável independente, respectivamente; X representa as quantidades equitativas de biomassa de *M. aegyptia* e *C. procera* e Y a densidade populacional de rúcula (Figura 12).

Figura 12 – Produtividade de raízes graúdas de beterraba consorciada com rúcula em bicultivo em diferentes quantidades equitativas de biomassa de *M. aegyptia* e *C. procera* e densidades populacionais de rúcula

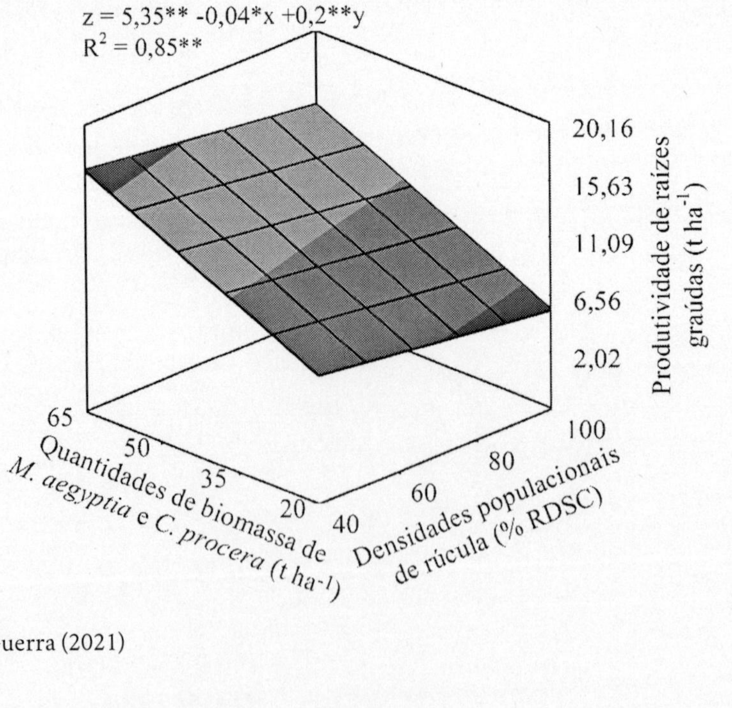

Fonte: Guerra (2021)

b.

$$Z = a + b/X + cY \tag{14}$$

Definido pela expressão matemática 14, onde Z, a, b, c e X foram anteriormente definidos e Y representa a densidade populacional de alface (Figura 13).

Figura 13 – Produtividade comercial de raízes de beterraba consorciada com alface em diferentes quantidades equitativas de biomassa de *M. aegyptia* e *C. procera* e densidades populacionais de alface

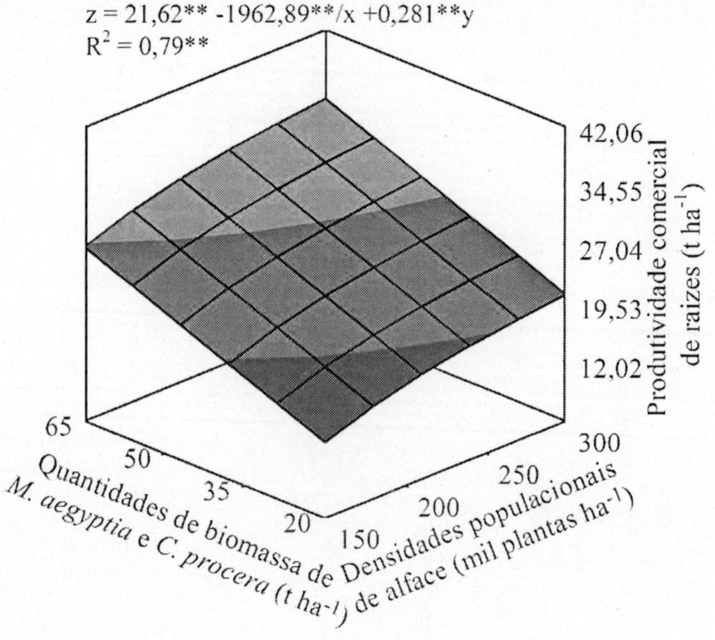

Fonte: Guerra (2021)

c.

$$Z = a + bX + c/Y \tag{15}$$

Definido pela expressão matemática 15, onde Z, a, b, c, X e Y foram anteriormente definidos (Figura 14).

Figura 14 – Produtividade comercial de raízes de beterraba consorciada com rúcula em bicultivo em diferentes quantidades equitativas de biomassa de *M. aegyptia* e *C. procera* e densidades populacionais de rúcula

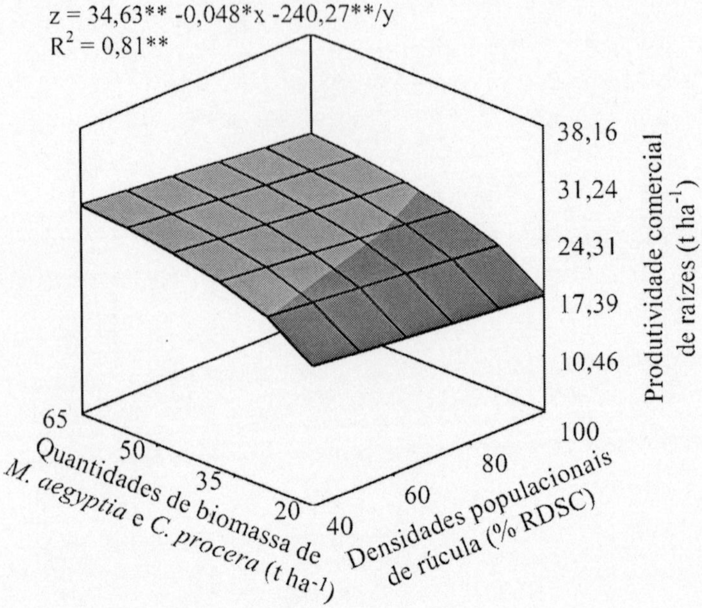

Fonte: Guerra (2021)

d.

$$Z = a + b/X + c/Y \tag{16}$$

Definido pela expressão matemática 16, onde Z, a, b, c, X e Y foram anteriormente definidos (Figura 15).

Figura 15 – Produtividade de raízes extra AA de beterraba consorciada com alface em bicultivo em diferentes quantidades equitativas de biomassa de *M. aegyptia* e *C. procera* e densidades populacionais de alface.

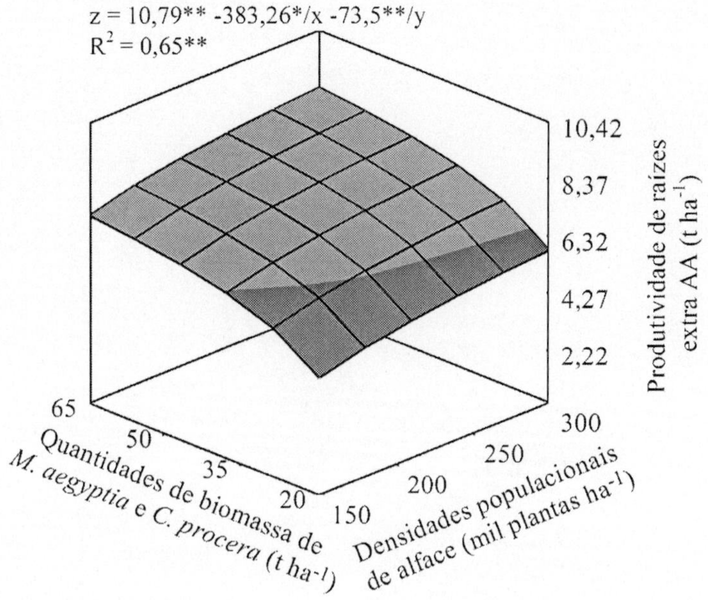

Fonte: Guerra (2021)

4.2.2 Modelo polinomial de superfície de resposta

Os modelos polinomiais geralmente são utilizados quando os fatores 1 e 2 (exemplo: quantidades de N e quantidades de P) influenciam a produtividade ou crescimento de forma não linear. Dessa forma, é possível que, em um determinado ensaio de adubação, em uma determinada cultura, a resposta às quantidades de N, em todos dos níveis de P testados, comporte-se de forma linear, mas a resposta às quantidades de P, em todos os níveis de N, seja quadrática. Dessa forma, o modelo polinomial, em termos de ajuste estatístico (R^2), é mais indicado.

A seguir é apresentada a expressão matemática genérica de cada um desses modelos, seguidos de um exemplo prático.

a.

$$Z = a + bX + cY + dY^2 \quad (17)$$

Definido pela expressão matemática 17, onde Z, a, b, c e d são intercepto e os coeficientes de cada variável independente, respectivamente; X é a dose do adubo e Y é a densidade populacional da cultura (Figura 16).

Figura 16 – Massa seca da parte aérea de rabanete cultivada em consórcio com diferentes quantidades equitativas de biomassa de *M. aegyptia* e *C. procera* e densidades populacionais de alface

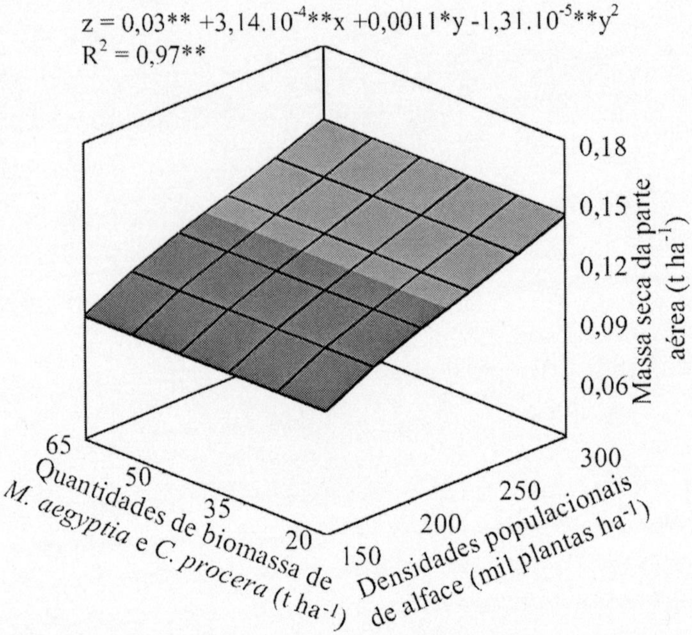

Fonte: Guerra (2021)

b.

$$Z = a + bX + c/Y^2 \quad (18)$$

Definido pela expressão matemática 18, onde Z é a produtividade da cultura; a, b e c são intercepto e os coeficientes de cada variável independente, respectivamente; X é a dose do adubo e Y é a densidade populacional da cultura (Figura 17).

Figura 17 – Produtividade de raízes extra A de beterraba consorciada com alface em bicultivo em diferentes quantidades equitativas de biomassa de *M. aegyptia* e *C. procera* e densidades populacionais de alface

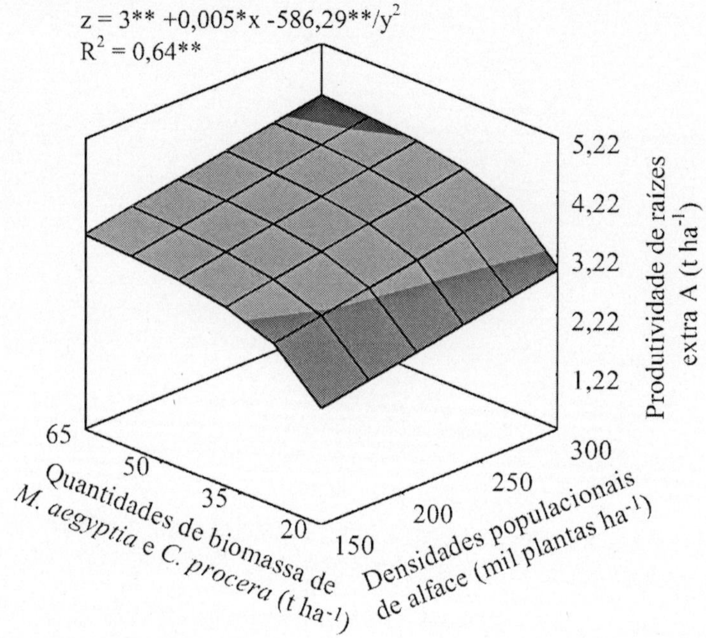

Fonte: Guerra (2021)

c.

$$Z^{-1} = a + b/X^2 + c/Y \quad (19)$$

Definido pela expressão matemática 19, onde Z é a produtividade da cultura; a, b e c são intercepto e os coeficientes de cada variável independente, respectivamente; X é a dose do adubo e Y é a densidade populacional da cultura (Figura 18).

Figura 18 – Produtividade comercial de raízes de beterraba consorciada com alface em bicultivo em diferentes quantidades equitativas de biomassa de *M. aegyptia* e *C. procera* e densidades populacionais de alface

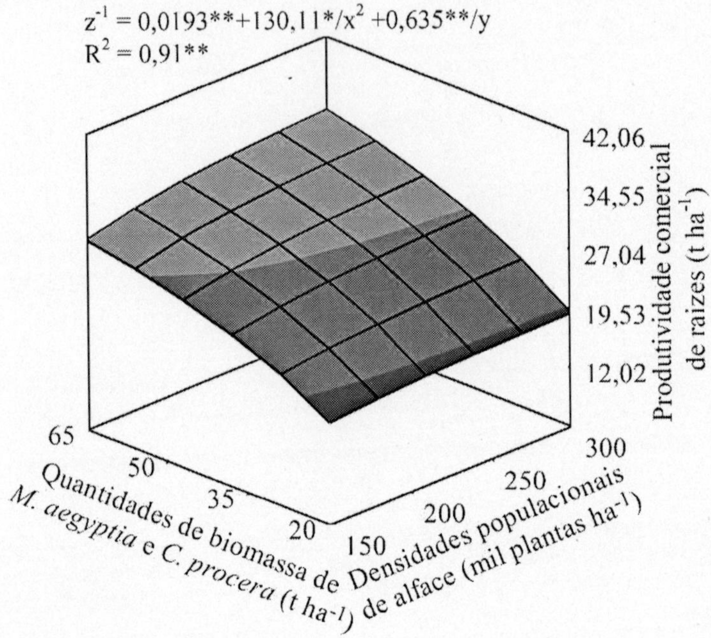

Fonte: Guerra (2021)

d.

$$Z = a + b/X^2 + c/Y^2 \quad (20)$$

Definido pela expressão matemática 20, onde Z é a produtividade da cultura; a, b e c são intercepto e os coeficientes de cada variável independente, respectivamente; X é a dose do adubo e Y é a densidade populacional da cultura (Figura 19).

Figura 19 – Produtividade de raízes graúdas de beterraba consorciada com rúcula em bicultivo em diferentes quantidades equitativas de biomassa de *M. aegyptia* e *C. procera* e densidades populacionais de rúcula

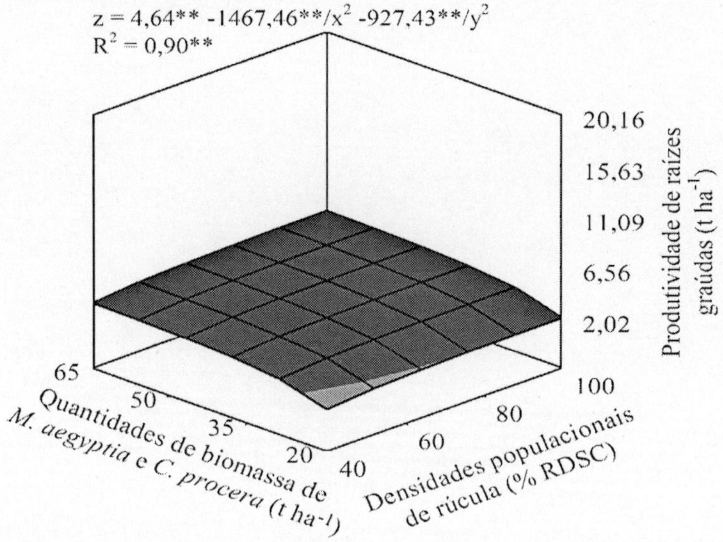

Fonte: Guerra (2021)

e.

$$Z = a + b/X^2 + cY^{0,5} \tag{21}$$

Definido pela expressão matemática 21, onde Z é a produtividade da cultura; a, b e c são intercepto e os coeficientes de cada variável independente, respectivamente; Y é a dose do adubo e X é a densidade populacional da alface (Figura 20).

Figura 20 – Produtividade total de raízes de rabanete consorciada com alface em diferentes densidades populacionais de alface e quantidades equitativas de biomassa de *M. aegyptia* e *C. procera*

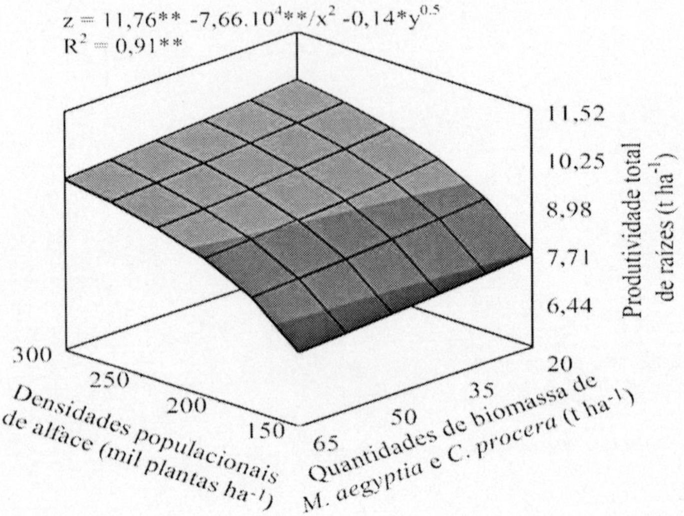

Fonte: Guerra (2021)

4.2.3 Modelo exponencial de superfície de resposta

Embora não esteja entre os modelos mais empregados nos ensaios de adubação, é possível que, em alguns resultados de experimentos nos quais foram combinados dois fatores quantitativos, não se consigam bons ajustes com os modelos linear ou quadrático. Nesse caso, faz-se necessário um modelo alternativo, como o exponencial. Os modelos exponenciais têm como característica a presença do fator 1 ou do fator 2, ou ambos aparecerem como expoentes da expressão matemática que os representa, conforme estão especificados a seguir.

a.

$$Z = a + be^{-X} + ce^{-Y} \tag{22}$$

O modelo é definido pela expressão matemática 22, onde Z é a produtividade da cultura; a, b e c são intercepto e os coeficientes de cada variável independente, respectivamente; X é a dose do adubo e Y é a densidade populacional da cultura (Figura 21).

Figura 21 – Produtividade de raízes extra AA de beterraba consorciada com rúcula em bicultivo em diferentes quantidades equitativas de biomassa de *M. aegyptia* e *C. procera* e densidades populacionais de rúcula

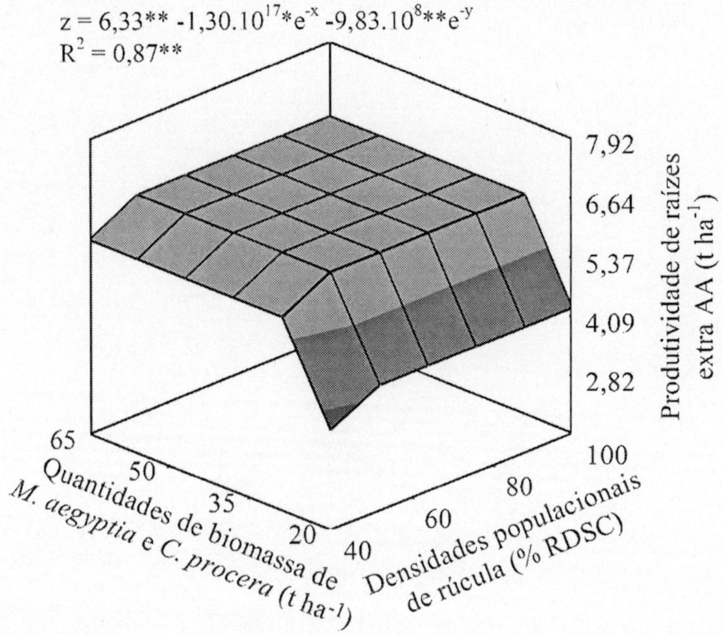

Fonte: Guerra (2021)

b.

$$Z = a + be^{-X} + cY \quad (23)$$

Definido pela expressão matemática 23, onde Z é a produtividade da cultura; a, b e c são intercepto e os coeficientes de cada variável independente, respectivamente; X é a dose do adubo e Y é a densidade populacional da cultura (Figura 22).

Figura 22 – Produtividade de raízes extra de beterraba consorciada com alface em bicultivo em diferentes quantidades equitativas de biomassa de *M. aegyptia* e *C. procera* e densidades populacionais de alface

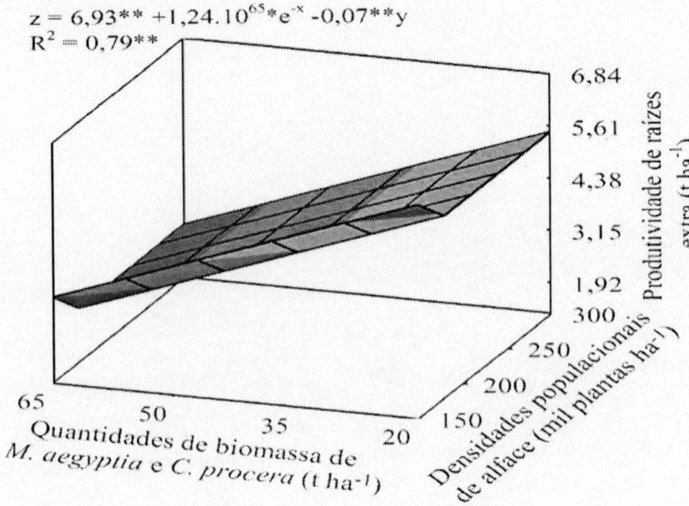

Fonte: Guerra (2021)

c.

$$Z = a + be^{-X} + c/Y \qquad (24)$$

Definido pela expressão matemática 24, onde Z é a produtividade da cultura; a, b e c são intercepto e os coeficientes de cada variável independente, respectivamente; X é a dose do adubo e Y é a densidade populacional da cultura (Figura 23).

Figura 23 – Produtividade de raízes extra AA de beterraba consorciada com alface em bicultivo em diferentes quantidades equitativas de biomassa de *M. aegyptia* e *C. procera* e densidades populacionais de alface

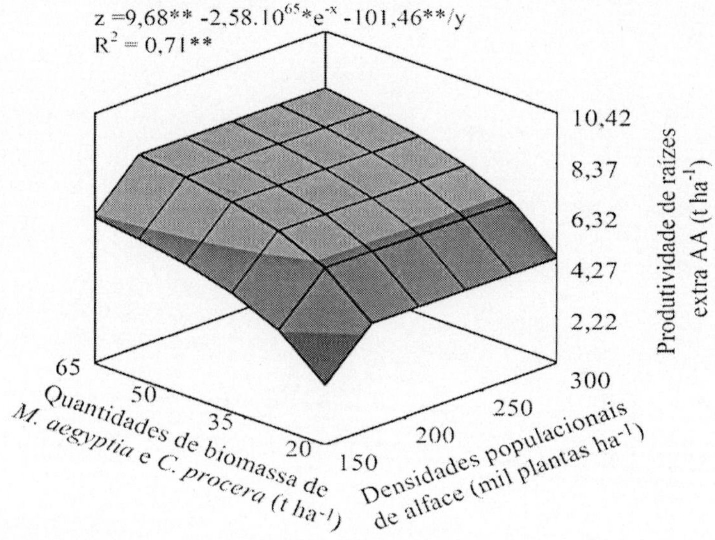

Fonte: Guerra (2021)

d.

$$Z = a + b/X + ce^{-X} + dY^3 \quad (25)$$

Definido pela expressão matemática 25, onde Z é a produtividade da cultura; a, b, c e d são intercepto e os coeficientes de cada variável independente, respectivamente; X é a dose do adubo e Y é a densidade populacional da cultura (Figura 24).

Figura 24 – Produtividade de raízes extra A de beterraba consorciada com rúcula em bicultivo em diferentes quantidades equitativas de biomassa de *M. aegyptia* e *C. procera* e densidades populacionais de rúcula

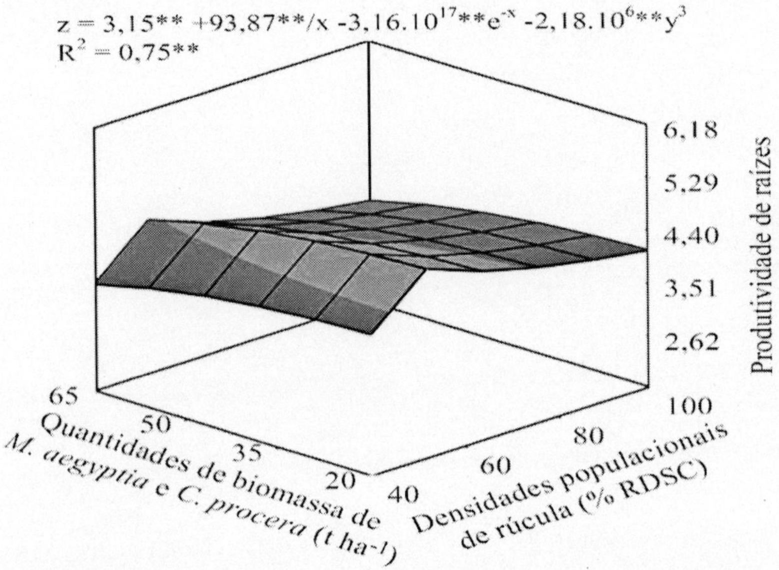

Fonte: Guerra (2021)

Vários modelos podem propiciar valores discordantes da estimativa da dose ótima do fertilizante (NELSON *et al.*, 1985; FONTES; RONCHI, 2002, BEZERRA NETO *et al.*, 2019; LINO *et al.*, 2023) e afetar a rentabilidade da cultura, podendo ocasionar ainda impacto negativo sobre o meio ambiente. Assim, a seleção do modelo mais apropriado para descrever a relação entre produção das culturas e aplicação de fertilizantes ou entre aplicação de fertilizantes e outro fator quantitativo deve se basear em critérios estatísticos e econômicos.

A escolha de um modelo estatístico e econômico deve-se basear em vários critérios, dentre os quais a lógica biológica do fenômeno, significância do quadrado médio da regressão, alto valor do coeficiente de determinação (R^2) e significância dos parâmetros da regressão. Além desses critérios, deve-se considerar para a maximização da produtividade e do lucro, os seguintes indicadores econômicos: renda bruta, renda líquida, taxa de retorno e índice de lucratividade, de modo que o sistema de cultivo avaliado seja otimizado tanto em termos agronômicos como econômicos (BEZERRA NETO *et al.*, 2014).

4.3 COMANDOS DE INSTRUÇÃO PARA O USO DO TABLE CURVE 2D E 3D

4.3.1 Passos para o uso do *software* Table Curve 2D para obtenção de modelo com duas variáveis

----

OPEN TABLE CURVE 2D;

FILE;

IMPORT;

ARQUIVO (xls);

Media.xls;

CLICK DOSES (X COLUMN);

CLICK PRODC (Y COLUMN);

CLICK OK;

PROCESS;

CURVE-FIT ALL EQUATIONS;

LIST START;

APPEAR ALL EQUATIONS (Rank, F-statistic, Equations…);

SORT;

BY F-statistic;

LOOK FOR AN EQUATION WITH A SIGNIFICANT F-statistic;

CLICK ON THE NUMERIC;

All regression analysis results appear;

USE 'MODIFY GRAPHIC SCALING' TO ADJUST THE FIGURE;

4.3.2 Passos para o uso do *software* Table Curve 3D para obtenção de modelo com três variáveis

----

OPEN TABLE CURVE 3D;

FILE;

IMPORT DATA SOURCE;

ARQUIVO (xls);
Media.xls;
OPEN;
CLICK DOSES (X COLUMN);
CLICK POP (Y COLUMN);
CLICK PRODC (Z COLUMN);
CLICK OK;
PROCESS;
SURFACE-FIT ALL EQUATIONS;
LIST START;
APPEAR ALL EQUATIONS (Rank, F-statistic, Equations…);
SORT;
BY F-statistic;
LOOK FOR AN EQUATION WITH A SIGNIFICANT F-statistic;
CLICK ON THE NUMERIC;
All regression analysis results appear;
USE 'SCALING' TO ADJUST THE FIGURE;

4.4 CONSIDERAÇÕES FINAIS

A resposta das plantas a doses de um determinado nutriente isolado ou a doses de um dado fertilizante mineral ou fertilizante orgânico é variável conforme a espécie de planta em estudo e conforme as condições edafoclimáticas da área experimental. Antes da popularização dos programas computacionais, a exemplo do Table Curve 3D (SYSTAT SOFTWARE INC. 2021) no meio acadêmico, especialmente entre os acadêmicos da área de Agronomia ou Ciências Agrárias, os modelos matemáticos utilizados para representar a relação entre a produção/produtividade das culturas em função das doses de um fator limitante era restrito a poucos modelos, a exemplo do quadrático e linear. Contudo, em muitos casos, o pesquisador não conseguia ajustar seus dados experimentais a nenhum desses modelos tradicionais, uma vez que os valores de R^2 encontrados eram muito baixos (< 0,70) e, assim, considerava-se como "sem ajuste". Atualmente, há programas computacionais que oferecem centenas de modelos matemáticos diferentes para relacionar uma variável resposta (como produtividade) a uma ou duas variáveis independentes, de modo que o pesquisador possa escolher aquele que apresente o melhor ajuste (maior R^2). Ressalta-se que o modelo matemático deve ser escolhido não apenas pelo seu R^2, mas também pela significância dos coeficientes do modelo escolhido (a_0, a_1, a_2, a_3,..) e, principalmente, do significado biológico. Assim, as curvas representativas dos modelos escolhidos devem se aproximar o máximo possível da realidade do comportamento das plantas ante as doses dos fertilizantes. Ou seja, como explicar que a produtividade de uma dada cultura aumenta, até certo ponto com o aumento das doses, depois declina com doses mais elevadas e volta a subir nas maiores doses? Embora esse comportamento seja possível de ocorrer, na prática é de difícil explicação, assim como não permite otimizar as doses a serem aplicadas.

4.5 REFERÊNCIAS

ALVAREZ, V. V. H. *Avaliação da fertilidade do solo (Superfície de resposta – modelos aproximativos para expressar a relação fator resposta).* Viçosa, MG: UFV, 1985. 75p.

ARROBAS, M.; RODRIGUES, M. A. Efeito da adubação azotada, fosfatada e potássica na cultura da batata. Produtividade e eficiência de uso dos nutrientes. *Revista de Ciências Agrárias*, v. 32, n. 1, p. 101-111, 2009.

BEZERRA NETO, F.; OLIVEIRA, L. J.; SANTOS, A. P.; LIMA, J. S. S.; SILVA, I. N. Otimização agroeconômica da cenoura fertilizada com diferentes doses de jitirana. *Revista Ciência Agronômica*, v. 45, n. 2, p. 305-311, 2014.

BEZERRA NETO, F.; SILVA, M. L.; LIMA, J. S. S.; BARROS JÚNIOR, A. P.; SILVA, I. N.; CHAVES, A. P. Productive viability and profitability of carrot-cowpea intercropping using different amounts of *Calotropis procera*. *Revista Caatinga*, v. 32, n. 1, p. 62-71, 2019.

BOX, G. E. P.; WILSON, K. B. On the experimental attainment of optimum conditions. *Journal of the Royal Statistical Society*, v. 13, n.1, p. 1-45, 1951.

BREZOLIN, A. P.; SILVA, J. A. G.; FRANTZ, F. C. R.; BINELO, M. O.; VALDIERO, A. C.; ZIMMER, C. M.; MANTAI, R. D.; MAROLLI, A.; SCREMIN, O. S.; MAZURKIEVICZ, G. The efficiency of wheat yields by nitrogen dose and fractionation. *African Journal of Agricultural Research*, v. 11, n. 36, p. 3440-3449, 2016.

CRUZ, C. D. *Programa Genes*: estatística experimental e matrizes. Viçosa, MG: UFV, 2006. v. 1. 285p.

FERREIRA, I. E. P.; ZOCCHI, S. S.; BARON, D. Reconciling the Mitscherlich's law of diminishing returns with Liebig's law of the minimum. Some results on crop modeling. *Mathematical Biosciences*, v. 293, p. 29-37, 2017.

FONTES, P. C. R.; RONCHI, C. P. Critical values of nitrogen indices in tomato plants grown in soil and nutrient solution determined by different statistical procedures. *Pesquisa Agropecuária Brasileira*, v. 37, n. 10, p. 1421-1429, 2002.

GUERRA, N. M. *Benefícios bio-econômicos de densidades populacionais de alface em bicultivo consorciada com beterraba sob adubação orgânica*. 2021. 150f. Tese (Doutorado em Fitotecnia) – Universidade Federal Rural do Semi-Árido, Mossoró, RN, 2021.

HOCHMUTH, G.; HANLON, E.; OVERMAN, A. *Fertilizer experimentation, data analyses, and interpretation for developing fertilization recommendations - Examples with vegetable crop research*. UF: IFAS Extension, 2022. 9p. Disponível em: https://edis.ifas.ufl.edu/ publication/SS548. Acesso em: 26 dez. 2022.

KLIEMANN, H. Efeitos da calagem e de fontes de fósforo no rendimento da soja em dois solos do cerrado. *Anais da Escola de Agronomia e Veterinária*, v. 25, n. 2, p. 129-139, 1995.

LINO, F. K. K. S.; BEZERRA NETO, F.; SANTOS, E. C.; LIMA, J. S. S.; CHAVES, A. P.; RODRIGUES, G. S. O.; GUERRA, N. M.; SILVA, I. N.; LINO, V. A. S. Maximizing agro-bioeconomic benefits in intercropped systems of radish and lettuce in the semi-arid environment. *Revista Brasileira de Engenharia Agrícola e Ambiental*, v. 27, n. 2, p. 121-131, 2023.

LINO, V. A. S.; BEZERRA NETO, F.; LIMA, J. S. S.; SANTOS, E. C.; NUNES, R. L. C.; GUERRA, N. M.; LINO, F. K. K. S.; SÁ, J. M.; DESRAVINES, R. P.; CHAVES, A. P.; PORTO, V. C. N. (2021). Beetroot and radish production under different doses of green manures. *Research, Society and Development*, v. 10, e66101 623205, 2021.

MAINGI, F. M.; MBUVI, H. M. Effect of potassium dosage on selected growth parameters and yield response modeling on potatoes grown in Molo, Kenya. *Journal of Scientific Agriculture*, v. 4, p. 101-107, 2020.

MALAVOLTA, E.; VITTI, G. C.; OLIVEIRA, S. A. *Avaliação do estado nutricional das plantas*: princípios e aplicações. Piracicaba: Potafos, 1997. 319p.

MAMANN, A. T. W.; SILVA, J. A. G.; SCREMIN, O. B.; MANTAI, R. D.; MAROLLI, A.; BREZOLIN, A. P.; CARBONERA, R.; BANDEIRA, L. M. The combination of hydrogel and nitrogen in wheat grain productivity. *International Journal of Development Research*, v. 7, n. 6, p. 13088-13094, 2017.

NELSON, L. A.; VOSS, R. D.; PESEK, J. Agronomic and statistical evaluation of fertilizer response. In ENGELSTAD, O.P. (ed.). *Fertilizer technology and use*. 3rd. ed. Madison: S.S.S.A., 1985. p. 53-90.

PAULINO, R. C. *Acúmulo de matéria seca e de nutrientes em pimentão adubado com doses de nitrogênio e fósforo*. 2016. 51f. Tese (Doutorado em Fitotecnia) – Universidade Federal Rural do Semi-Árido, Mossoró, RN, 2016.

REETZ, H. F. *Fertilizantes e o seu uso eficiente*. São Paulo: Anda, 2017. 178p.

RODRIGUES, G. S. O.; GRANGEIRO, L. C.; LIMA, J. S. S.; CHAVES, A. P.; BEZERRA NETO, F.; MEDEIROS, J. F.; NOVO JÚNIOR, J. Onion yield as a function of nitrogen dose. *Revista de Ciências Agrárias*, v. 41, n. 1, p. 46-51, 2018.

SILVA, M. G. *Avaliação e calibração de extratores de fósforo disponível em solos da zona abacaxicultora paraibana*. 2018. 61 f. Dissertação (Mestrado em Ciência do Solo) – Universidade Federal da Paraíba, Areia, 2018.

SYSTAT SOFTWARE INC. *Table curve 3D Academic Edition*. San Jose, CA: Systat Software Inc., 2021.

TISDALE, S. L.; NELSON, W. L. *Soil fertility and fertilizer*. 3rd ed. New York: Collier Mc Millan International editions, 1975. 694 p.

Capítulo 5

CULTIVOS AGROECOLÓGICOS

Daniel Duarte Pereira
Renato Dantas Alencar
Sílvia Bezerra de Góes
Vania Christina Nascimento Porto

A história da vida não se desenrola apenas nos campos de batalha e nos gabinetes presidenciais. Ela se desenrola também nos quintais, entre plantas e galinhas; nas ruas de subúrbio, nas casas de jogo, nos prostíbulos, nos colégios, nas ruínas, nos namoros de esquina. Disso eu quis fazer a minha poesia, dessa vida obscura e injustiçada, porque o canto não pode ser uma traição à vida, e só é justo cantar se o nosso canto arrasta consigo as pessoas e as coisas que não têm voz.
(Ferreira Gullar)

5.1 ASPECTOS GERAIS

Com o advento da agricultura, há cerca de 10.000 anos, a humanidade começou a utilizar, de forma mais intensa, o meio ambiente para o suprimento das suas necessidades básicas, em especial para o fornecimento de alimentos e moradias. Nesse período surgiram as formas "*rudimentares*" e "*primitivas*" de manejos da vegetação e do solo e também a seleção e produção de sementes, que foram evoluindo para a nossa atual agricultura moderna.

Desde então, os seres humanos vêm modificando as condições ambientais em função dos seus interesses e criando diferentes sistemas de produção e, em alguns casos, agroecossistemas que variam com as diversas realidades edafoclimáticas, bem como devido à introdução e manejo de várias espécies exóticas (vegetais, animais, abelhas e outros organismos) aos ecossistemas naturais, que vêm sendo ajustados e ou melhorados empiricamente ao longo dos anos, criando assim as diferentes formas de produção convencionais e não convencionais (base ecológica) existentes atualmente.

5.2 SISTEMAS DE PRODUÇÃO

No que se refere aos sistemas não convencionais de produção ou de base ecológica, os agroecossistemas foram desenvolvidos ao longo dos tempos de acordo com alguns fatores bióticos e abióticos, como:

- os edafoclimáticos;
- as ferramentas e equipamentos disponíveis na época;
- os objetivos, se as prioridades eram alimentos, produção animal, produção madeireira etc.;
- a realidade social;
- a escala de produção (agricultor familiar, comercial, industrial).

A partir do final da década de 1960, a agricultura convencional vem se consolidando na maioria dos países, contudo essa forma de produção está a "*serviço*" da indústria química, demandando crescentes doses de fertilizantes e agrotóxicos com o passar dos anos. Este tipo de agricultura está focado especialmente na alta produção e obedece a um modelo que garante, ao longo do manejo de cada cultura, o uso de agrotóxicos, adubos químicos, equipamentos modernos, sementes melhoradas, por vezes transgênicas, e todo o pacote tecnológico enquadrado na chamada revolução verde.

A problemática resultante da dependência do modelo convencional do uso crescente de fertilizantes químicos e de agrotóxicos e da degradação dos recursos naturais trouxe riscos à saúde dos agricultores e dos consumidores. Diante disso, originou diversos movimentos contrários a este modelo de agricultura, tendo em vista o elevado número de pessoas e instituições preocupadas com a origem e a forma de produção dos produtos que consomem (alimentos, móveis, transportes etc.), com o impacto da forma de produção na sua saúde, na saúde de quem trabalhou na produção, no meio ambiente, na exploração de mão de obra, dentre outras.

Neste contexto, desde a década de 20 do século XX, e principalmente nas décadas de 80 e 90, surgiram as agriculturas hoje denominadas de base ecológica, trazendo como princípios as "*sustentabilidades*", principalmente no tocante às temáticas ambientais, sociais e econômicas. Estas agriculturas de base ecológica apresentam várias vertentes, dentre as quais: Biodinâmica, Orgânica, Biológica, Natural, Permacultura, Alternativa, Sustentável, Regenerativa, Vitalista.

A agroecologia é a base científica para essas vertentes de agricultura com enfoque mais sustentável, apontando princípios metodológicos, teóricos e práticos. Assim, essa ciência, embasada em pesquisas e discussões ocorridas em todo o mundo, trouxe para a discussão preocupações para além do ambiente, do social e da economia; agora a discussão é incrementada com as questões de igualdade e equidade de gênero, raça e geração e, mais recentemente, o aquecimento global.

A agroecologia propõe a utilização de formas de produções agropecuárias que utilizem tecnologias mais adequadas e ajustadas às diversas realidades climáticas, de solos, socioeconômicas e culturais vivenciadas pelas famílias agricultoras. Esses sistemas de produção (agroecossistemas) estão baseados na organização dos produtores e das populações por meio de grupos, associações e/ou cooperativas que, juntos, buscam o apoio para conquista da assistência técnica, das infraestruturas coletivas como máquinas e equipamentos, das unidades de beneficiamento (mel, polpas, leite, carnes e outros produtos agropecuários que permitam o aumento da produtividade, bem como a melhoria da qualidade dos produtos).

Nas propriedades que adotam a produção agroecológica, o trabalho da produção ou parte dele utiliza muitas vezes formas coletivas (mutirões, escalas de trabalho e parcerias), bem como a logística e a comercialização diferenciadas, sempre com menores gastos de energia e maior harmonia com ecossistemas e a natureza, o que permite a prática de preços mais justos para os que produzem, bem como para os que consomem. A lógica é estar atento e conciliar os objetivos da agricultura de produção e preservação ambiental, oferecendo novas oportunidades para o desenvolvimento de abordagens mais sustentáveis para a agricultura, uma área onde o Brasil tem potencial para desempenhar um papel de liderança mundial (MARTINELLI *et al.*, 2010).

Constata-se que, ainda de forma tímida, nas últimas duas décadas estão sendo desenvolvidos no Semiárido Brasileiro (SAB) agroecossistemas com princípios, conceitos e metodologias agroecológicas que trazem o aumento da produtividade e da qualidade dos produtos. São sistemas com a capacidade de manter, recuperar e melhorar a fertilidade do solo, respeitando a biodiversidade, ampliando a diversidade de produtos para o consumo da família e para o mercado, gerando mais renda para essas famílias agricultoras.

Quando se reporta ao SAB, refere-se à região que tem sua singularidade expressa em características ambientais e sociais que a tornam única, e difícil não associá-la ao seu principal domínio morfoclimático genuinamente brasileiro: a Caatinga. A região ainda compreende parte dos domínios do Cerrado e da Mata Atlântica. Suas particularidades estão na biodiversidade ecológica, na distribuição irregular da pluviosidade no tempo e no espaço. É considerado o semiárido mais povoado, e mais chuvoso do mundo, ocupando boa parte do Nordeste Brasileiro (parte dos estados do Maranhão, Piauí, Ceará, Rio Grande do Norte, Paraíba, Pernambuco, Alagoas, Sergipe e Bahia) e uma pequena parte do Sudeste (parte dos estados de Minas Gerais e Espírito Santo). Compreende uma área de 1.182.697 km² e 1.427 municípios (Sudene, 2021). É marcado historicamente pela complexidade social, originária do processo de colonização e pelo desafio do desenvolvimento marcado pela situação de miséria e pobreza da maioria da população, especialmente aqueles que vivem nos espaços rurais. Embora muito do que é divulgado tenha uma razão mais política de agregação de discursos interesseiros que vêm se perpetuando ao longo de décadas, é uma região com problemas e não uma "Região-Problema", como insistem em divulgar.

O modelo de desenvolvimento agrícola e agrário hegemônico praticado historicamente no SAB não favorece a conservação e proteção do patrimônio ambiental, genético e social dos seus ecossistemas e dos seus Biomas. Esse fato colabora para desvelar cenários ameaçadores à vida humana, animal e vegetal, como o aquecimento climático, os eventos climáticos extremos, o aumento das áreas em processo de desertificação, a baixa produção agrícola, a poluição dos solos e dos mananciais de água. Estes, inclusive, com graves problemas de assoreamento.

5.3 USO DE FERTILIZANTES VERDES NO SEMIÁRIDO BRASILEIRO

Vários conhecimentos e tecnologias agroecológicas estão sendo gerados e ajustados nos últimos anos por agricultores experimentadores com o apoio de ONGs e da academia, que foram fundamentais para o desenvolvimento dos agroecossistemas utilizados hoje nos cultivos agroecológicos existentes, dentre os quais se destacam:

- os sistemas agroflorestais (SAFs);
- as plantas companheiras e os cultivos consorciados;
- o resgate e multiplicação das sementes crioulas;
- a multiplicação e utilização de inimigos naturais (controle biológico);

- a produção e utilização de inseticidas naturais, caldas e biofertilizantes;
- a produção e utilização da matéria orgânica (M.O.) de formas mais eficientes.

O manejo da matéria orgânica adotado no agroecossistema é determinante para que as moléculas de carbono sejam fixadas nos solos, na vegetação ou se essas moléculas serão liberadas para a atmosfera, contribuindo assim para o aquecimento global e para o futuro da realidade climática do planeta Terra.

É fundamental que as práticas de cultivos e as tecnologias empregadas nos manejos do solo e da vegetação favoreçam ao acúmulo da matéria orgânica no agroecossistema, sobretudo nas regiões semiáridas, onde as altas temperaturas e insolação favorecem a carbonização natural da matéria orgânica.

As formas de manejo da matéria orgânica (MO), dos solos e da vegetação consideradas agroecológicas são de grande importância para a manutenção e o aumento da fertilidade dos solos, sobretudo em regiões semiáridas, e promovem a fixação das partículas de carbono na vegetação, no solo e na biomassa microbiana, além de evitar o uso de queimadas. Dentre os manejos agroecológicos da MO e de palhadas, destacam-se:

- integração de lavoura pecuária e o manejo das camas e estercos animais como adubos;
- utilização de coberturas mortas;
- compostagem e vermicompostagem dos resíduos orgânicos e do "lixo" orgânico;
- plantio direto ou cultivo mínimo;
- adubação verde.

A fertilização verde é uma prática agronômica de utilização predominante de plantas leguminosas, podendo por vezes se utilizar não leguminosas, as quais podem ser plantadas *in situ* ou trazidas de outros locais (MAITRA *et al.*, 2018). Consiste na incorporação de material vegetal nas áreas de produção agrícola, ou plantas usadas para produzir compostos ou fertilizantes verdes (ARMY; HIDE, 1959; FAGERIA, 2007).

Por definição, adubo verde é produzido pela aeração de folhas, ramos e raízes de plantas verdes na maturidade no solo. Depois de um tempo, eles se tornam adubo ou adubo verde (FAGERIA, 2007).

A utilização de adubação verde em áreas agrícolas traz diversos benefícios em termos econômicos e ambientais e pode ser uma das soluções para a degradação dos solos, na melhoria da qualidade dos produtos agrícolas e na redução aos danos ao meio ambiente (FAGERIA, 2007). De seu uso provém o aumento da quantidade de nutrientes no solo, principalmente nitrogênio, muito exigido pelas hortaliças; o aumento na porcentagem de matéria orgânica; a diminuição da acidez e do alumínio tóxico (BEZERRA NETO *et al.*, 2014); a melhoria na fertilidade; a retenção de água; e a atividade microbiana do solo (GRAHAM; HAYNES, 2006) (Figura 1).

Figura 1 – Alguns benefícios da adubação verde

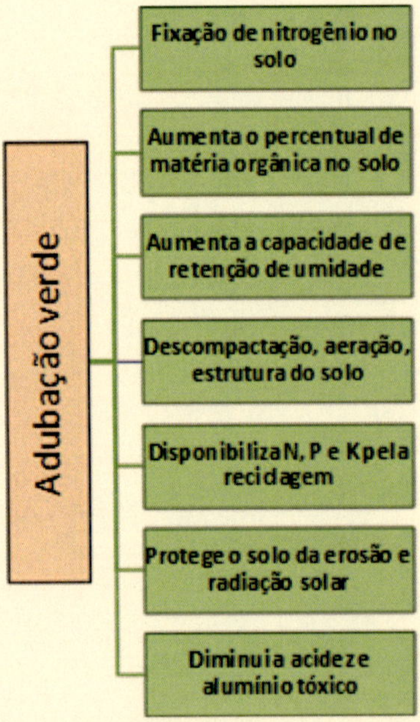

Fonte: adaptado de Martins *et al.* (2018)

Outro fator importante a ser observado na utilização das plantas como adubo verde é a relação carbono/nitrogênio (C/N), uma vez que essa relação está vinculada à taxa ou à velocidade de decomposição de resíduos orgânicos. Quando os resíduos orgânicos apresentam relação C/N entre 20:1 e 30:1, ocorrem melhoras nas propriedades físicas, químicas e biológicas dos solos, além de maior capacidade de armazenamento de nutrientes necessários ao desenvolvimento das plantas (BEZERRA NETO *et al.*, 2014).

A utilização de plantas de cobertura do solo para adubação verde vai além do uso de leguminosas para o aporte de nitrogênio no sistema, visto que o objetivo é alcançar outros benefícios, empregando também outras espécies e manejos que podem favorecer a estruturação do solo, a matéria orgânica, o controle de ervas espontâneas a saúde do solo, como o combate à erosão, o estímulo à fauna benéfica, o isolante térmico, a compactação e controle de pragas e doenças (REDIN *et al.*, 2016).

Tradicionalmente, as espécies mais utilizadas como adubação verde no Brasil na Região Semiárida (RSA) são feijão-guandú (*Cajanus cajan* L. Huth); crotalárias (*Crotalaria juncea*, *Crotalaria ochroleuca* G. Don e *Crotalaria spectabilis* Röth); feijão-de-porco (*Canavalia ensiformes* L. DC.); lablab (*Dolichos lablab L.*); feijão-da-flórida (*Mucuna pruriens*); nabo forrageiro (*Raphanus sativus* L.); tremoço-branco (*Lupinus albus* L); milheto (*Pennisetum glaucum* L.); calopogônio (*Calopogonium mucunoides* Desv.); mucuna-preta (*Stizolobium aterrimum* L.); mamona (*Ricinus communis* L.); girassol (*Helianthus annuus* L.); gergelim (*Sesamum indicum* L.); sorgo (*Sorghum vulgare* Pers.), entre outras (MAITRA *et al.*, 2018; SANTOS *et al.*, 2018) (Tabela 1).

A mistura de espécies (coquetéis), com o uso de leguminosas e não leguminosas para a produção de biomassa com relação C/N intermediária, proporciona cobertura do solo por mais tempo e uma melhor sincronização entre os nutrientes liberados pelos resíduos das plantas de cobertura e a demanda nutricional da cultura de interesse econômico em sucessão (SÁ PEREIRA; DUVAL; GALANTINI, 2017).

Tabela 1 – Quantidade de N fixado (kg ha^{-11}) por espécies utilizadas como adubo verde

Nome científico	Nome comum	Quantidade de N fixado (kg ha^{-11})
Cajanus cajan	Guandu	37 a 280
Canavalia ensiformis	Feijão-de-porco	49 a 190
Crotalaria breviflora	Crotalária breviflora	98-160
Crotalaria juncea	Crotalária juncea	150 a 450
Crotalaria mucronata	Crotalária mucronata	80-160
Crotalaria ochroleuca	Crotalária ochroleuca	133-200
Crotalaria spectabilis	Crotalária spectabilis	60-120
Dolichos lablab	Lab	66 a 180

Nome científico	Nome comum	Quantidade de N fixado (kg ha^{-11})
Lathyrus sativus	Chícharo	80-100
Lupinus albus	Tremoço branco	128 a 268
Mucuna aterrima	Mucuna preta	120 a 210
Mucuna cinereum	Mucuna cinza	170-210
Mucuna deeringiana	Mucuna anã	50-100
Vicia sativa	Ervilhaca	90 a 180

Fonte: Mateus e Wutke (2006)

A utilização de espécies vegetais do bioma Caatinga como adubo verde tem-se constituído numa opção viável para a produção agrícola, favorecendo ao equilíbrio entre o aumento na produtividade das culturas e o cuidado com a preservação do meio ambiente (BEZERRA NETO *et al.*, 2014; SOUZA *et al.*, 2017).

Todas as partes das plantas nativas podem ser utilizadas como adubos verdes, tanto as folhas, os galhos quanto a serapilheira das espécies herbáceas, arbustivas e arbóreas comumente encontradas nas Caatingas do SAB/RSA. Dentre as arbóreas estão o mofumbo (*Combretum leprosum* Mart); a sabiá (*Mimosa caesalpiniaefolia* Benth); a jurema-preta (*Mimosa tenuiflora* Willd. Poir)*;* o jucá (*Libidibia ferrea* Mart. ex Tul. L.P.Queiroz)*;* a catingueira (*Cenostigma pyramidale* Tul. E. Gagnon & G. P. Lewis); o pereiro (*Aspidosperma pyrifolium* Mart. & Zucc); e o pau-branco (*Auxemma oncocalyx* Fr. All. Baill), que, quando utilizadas como adubo verde, proporcionam melhorias na fertilidade dos solos devido aos aumentos nos teores de fósforo, potássio, cálcio e magnésio (BRANDÃO, 2021).

A trepadeira nativa jitirana (Fotografia 1) apresenta relação C/N de 20:1, e a arbustiva exótica flor-de-seda (Fotografia 2) relação C/N de 25:1 (VALE *et al.*, 1997). Essas espécies são comumente encontradas na Caatinga e vêm se destacando em pesquisas como apropriadas para a utilização como adubo verde, por apresentarem relações C/N que proporcionam uma rápida decomposição e liberação dos nutrientes e demais benefícios (físicos e biológicos) para as culturas, aumentando assim o teor de matéria orgânica do solo e diminuindo os teores de alumínio e mobilização de nutrientes (SILVA *et al.*, 2017).

Fotografia 1 – Jitirana coletada para uso na adubação verde

Fonte: Ferreira *et al.* (2022)

Fotografia 2 – Flor-de-seda coletada para uso na adubação verde

Fonte: Ferreira *et al.* (2022)

São várias as experiências de produção agroecológica de alimentos que vêm se consolidando no domínio da Caatinga, com grande diversidade de agroecossistemas e cuja atividade econômica produtiva principal envolve o componente animal (caprinos, ovinos, bovinos, aves, suínos e abelhas) e também o componente vegetal para consumo (milho, feijão, arroz e mandioca), bem como para a comercialização, principalmente as frutas (umbu-cajá, caju, acerola, banana, entre outras) e hortaliças, sendo que a maioria desses sistemas utiliza a fertilização verde em alguma etapa de sua implantação e ou manejo. Muitos são os benefícios gerados pelo uso dos adubos verdes, sendo estes ferramentas importantes para o desenvolvimento sustentável dos sistemas de produção. Para ilustrar os atributos da adubação verde, são listadas a seguir algumas pesquisas realizadas no SAB/RSA que reafirmam o potencial dessa tecnologia milenar.

A incorporação de biomassa dos adubos verdes jitirana e flor-de-seda em solos do semiárido tem proporcionado aumento na produtividade de folhas e massa verde de hortaliças folhosas em sistemas de produção com alface (BEZERRA NETO *et al.*, 2011), rúcula (SOUZA *et al.*, 2015) e coentro (FERREIRA *et al.*, 2022). Essa prática tem se apresentado como uma técnica exequível para agricultores familiares que cultivam essas hortaliças tanto em monocultivo como em consórcio de forma sustentável. Além disso, tem propiciado qualidade dos produtos das hortaliças, e um retorno do capital investido (FERREIRA *et al.*, 2022). É importante lembrar que as hortaliças folhosas são consideradas nutricionalmente exigentes, uma vez que seus ciclos são relativamente rápidos e a carência de qualquer elemento essencial prejudica seu crescimento, rendimento e qualidade (DUARTE *et al.*, 2020).

Fotografia 3 – Experimento com uso de flor-de-seda na cultura do coentro

Fonte: Ferreira *et al.* (2022)

Fotografia 4 – Experimento com uso de flor-de-seda na cultura do coentro

Fonte: Ferreira *et al.* (2022)

Estudando na região de Serra Talhada, Pernambuco, a rentabilidade da cultura da rúcula em monocultivo sob fertilização com flor-de-seda, em duas épocas de cultivos (primavera/verão e outono), Souza *et al.* (2015) têm mostrado a importância e a viabilidade econômica da utilização da adubação verde como alternativa para produção de hortaliças folhosas, principalmente quando a espécie utilizada como adubo verde é de fácil aquisição e preparo, e que seu uso pelos agricultores buscam alternativas para o manejo sustentável da cultura em sistema agroecológico e orgânico.

5.4 CONSIDERAÇÕES FINAIS

O uso da adubação verde tem sido recorrente nas experiências de produção agroecológica que vêm sendo desenvolvidas e se consolidando no semiárido brasileiro, em razão dos vários benefícios econômicos e ambientais que proporcionam em áreas agrícolas.

Portanto, diversos trabalhos científicos estão sendo desenvolvidos com foco no uso de fertilizantes verdes. Contudo, vale salientar que ainda há muito a ser feito para que esta tecnologia se popularize nos sistemas de produção do semiárido brasileiro, sobretudo no tocante aos seguintes pontos:

- sistematização e validação das experiências dos agricultores e de pesquisadores desenvolvidas com uso de adubação verde no semiárido;
- identificação de plantas nativas e exóticas abundantes na região com potencial para utilização como adubação verde;
- pesquisa sobre as formas de aplicação e as dosagens otimizadas recomendadas para as variadas culturas econômicas, principalmente das espécies frutíferas e hortaliças, que têm alto valor agregado e são plantas mais exigentes em disponibilidade de nutrientes e fertilidade dos solos;
- reconhecimento e fortalecimento dos sistemas agroecológicos desenvolvidos na região semiárida do Brasil e proposição de políticas que desenvolvam tais sistemas na referida região;
- política agrícola com crédito e assistência técnica que incentivem e orientem para produções mais sustentáveis, que utilizem tecnologias menos impactantes ao meio ambiente, as tecnologias agroecológicas, dentre elas a fertilização verde.

No atual cenário de mudanças climáticas que a humanidade vem vivenciando, a forma de manejo/exploração dos sistemas agropecuários será determinante para amenizar ou agravar a situação. Portanto, se faz necessária a adoção de agroecossistemas menos impactantes ao meio ambiente.

As tecnologias com enfoque agroecológico surgem como alternativas às adotadas nos sistemas convencionais, as quais têm altos custos energéticos, liberando o CO_2 fixado nos solos e na vegetação, degradando o meio ambiente e exaurindo os recursos naturais.

5.5 REFERÊNCIAS

ARMY, T. J.; HIDE, J. C. Effects of green manure crops on dryland wheat production in the Great Plains area of montana1. *Agronomy Journal*, v. 51, n. 4, p. 196-198, 1959.

BEZERRA NETO, F.; GÓES, S. B.; SÁ, J. R.; LINHARES, P. C. F.; GÓES, G. B.; MOREIRA, J. N. Desempenho agronômico da alface em diferentes quantidades e tempos de decomposição de jitirana verde. *Revista Brasileira de Ciências Agrárias*, v. 6, n. 2, p. 236-242, 2011.

BEZERRA NETO, F.; OLIVEIRA, L. J.; SANTOS, A. P.; LIMA, J. S. S.; SILVA, Í. N. Otimização agroeconômica da cenoura fertilizada com diferentes doses de jitirana. *Revista Ciência Agronômica*, v. 45, n. 2, p. 305-311, 2014.

BRANDÃO, A. *Produtores do Semiárido recuperam áreas degradadas com adubação orgânica*. Sobral, CE: Embrapa Caprinos e Ovinos, 2021. Disponível em: https://www.embrapa.br/busca-de-noticias/-/noticia/66307115/produtores-do-semiarido-recuperam-areas-degradadas-com-adubacao-organica. Acesso em: 23 nov. 2021.

DUARTE, J. R. M.; BASÍLIO, S. A.; SILVA, I. C.; MOREIRA, E. G. S.; PELÁ, A. Foliar spraying of doses of boric acid in coriander (*Coriandrum sativum* L.). *Revista de Agricultura Neotropical*, v. 7, n. 1, p. 66-69, 2020.

FAGERIA, N. K. Green manure in crops production. *Journal of Plant Nutrition*, v. 30, n. 5, p. 691-719, 2007.

FERREIRA, R. C.; BEZERRA NETO, F.; LIMA, J. S. S.; SANTOS, E. C.; GUERRA, N. M.; FREITAS, I. A. S. Biomass use of *Merremia aegyptia* and *Calotropis procera* in coriander cultivation in semiarid environment. *Revista Caatinga*, v. 35, n. 3, p. 595-605, 2022.

GRAHAM, M. H.; HAYNES, R. J. Organic matter status and the size, activity and metabolic diversity of the soil microbial community in the row and inter-row of sugar cane under burning a trash retention. *Soil Biology e Biochemistry*, v. 38, n. 1, p. 21-31, 2006.

MAITRA, S.; ZAMAN, A.; MANDAL, T. K.; PALAI, J. B. Green manures in agriculture: A review. *Journal of Pharmacognosy and Phytochemistry*, v. 7, n. 5, p. 1319-1327, 2018.

MARTINELLI, L. A.; NAYLOR, R.; VITOUSEK, P. M.; MOUTINHO, P. Agriculture in Brazil: impacts, costs, and opportunities for a sustainable future. *Current Opinion in Environmental Sustainability*, v. 2, n. 5-6, p. 431-438, 2010.

MARTINS, B. N. M.; SOUZA, E. G. F.; SANTOS, M. G.; BARBOZA, M.; BARROS JÚNIOR, A. P.; SILVEIRA, L. M.; BEZERRA NETO, F. Productivity and economic viability of carrot fertilized with *Calotropis procera* in different growing seasons. *Journal of Experimental Agriculture International*, v. 20, n. 4, p. 1-13, 2018.

MATEUS, G. P.; WUTKE, E. B. Espécies de leguminosas utilizadas como adubos verdes. *Pesquisa & Tecnologia Apta Regional*, v. 3, n. 1, p. 1-15, 2006.

REDIN, M.; GIACOMINI, S. J.; FERREIRA, P. A. A.; ECKHARDT, D. P. Plantas de cobertura de solo e agricultura sustentável: espécies, matéria seca e ciclagem de carbono e nitrogênio. *In:* TIECHER, T. (org.). *Manejo e conservação do solo e da água em pequenas propriedades rurais no sul do Brasil*: práticas alternativas de manejo visando a conservação do solo e da água. Porto Alegre: UFRGS, 2016. p. 7-22.

SANTOS, T. L.; NUNES, A. B. A.; GIONGO, V.; BARROS, V. S.; FIGUEIREDO, M. C. B. Cleaner fruit production with green manure: The case of Brazilian melons. *Journal of Cleaner Production*, v. 181, p. 260-270, 2018.

SÁ PEREIRA, E.; DUVAL, M. E.; GALANTINI, J. A. Decomposition from legume and non-legume crop residues: effects on soil organic carbon fractions under controlled conditions. *Spanish Journal of Soil Science*, v. 7, n. 2, p. 86-96, 2017.

SILVA, A. F. A.; SOUZA, E. G. F.; BARROS JÚNIOR, A. P.; BEZERRA NETO, F.; SILVEIRA, L. M. Desempenho agronômico do rabanete adubado com *Calotropis procera* (Ait.) R. Br. em duas épocas de cultivo. *Revista Ciência Agronômica*, v. 48, n. 2, p. 328-336, 2017.

SOUZA, E. G. F.; BARROS JÚNIOR, A. P.; BEZERRA NETO, F.; SILVEIRA, L. M.; LEAL, Y. H.; ALVES, M. J. G. Rentabilidade da rúcula fertilizada com biomassa de flor-de-seda em função da época de cultivo. *Revista Caatinga*, v. 28, n. 1, p. 65-77, 2015.

SOUZA, E. G. F.; LIMA, E. F.; BARROS JÚNIOR, A. P.; SILVEIRA, L. M.; BEZERRA NETO, F.; CRUZ, E. A. Production of lettuce under green manuring with *Calotropis procera* in two cultivation seasons. *Revista Caatinga*, v. 30, n. 2, 391-400, 2017.

SUDENE. *Delimitação do Semiárido - 2021*. Relatório Final. Recife: SUDENE, 2021. 272p. Disponível em: https://www.gov.br/sudene/pt-br/centrais-de-conteudo/02semiaridorelatorio nv.pdf. Acesso em: 21 fev. 2021.

VALE, F. R.; GUEDES, G. A. A.; GUILHERME, L. R. G.; FURTINI NETO, A. E. *Fertilidade do solo*: dinâmica e disponibilidade dos nutrientes de plantas. Lavras, MG: FAEPE, 1997. 171 p.

Capítulo 6

ADUBAÇÃO VERDE EM CULTIVOS EM AMBIENTE SEMIÁRIDO

Jailma Suerda Silva de Lima
Francisco Bezerra Neto
Gardênia Silvana de Oliveira Rodrigues

6.1 ASPECTOS GERAIS

O uso da prática da adubação verde nos sistemas de produção de cultivos é uma estratégia importante com elevado potencial de impacto positivo na produtividade desses cultivos, na conservação do solo, propiciando muitos benefícios às culturas. Essa prática contribui com a redução dos gastos energéticos e com o aumento da autossuficiência do sistema. Estudos têm sido realizados buscando o efeito dessa prática de cultivo sobre o crescimento e produção de várias culturas, seja em sistema de monocultivo ou consorciado.

Nas regiões semiáridas, caracterizadas por solos pobres em matéria orgânica, aridez e consequente deficiência hídrica, a prática de adubação verde tem sido recomendada como alternativa de manejo, pois influencia positivamente na proteção do solo contra os extremos de temperaturas e das chuvas erosivas, além de proporcionar uma melhora da estrutura do solo, tanto pela incorporação de matéria orgânica e liberação de exsudatos como pela decomposição das raízes, que aumentam a porosidade total e, consequentemente, a aeração, infiltração e condutividade da água no solo e reduzem a resistência mecânica ao crescimento das raízes (SOUZA *et al.*, 2011; OLIVEIRA *et al.*, 2020; SILVA *et al.*, 2020).

Um dos questionamentos levantados pelos que usam esta prática de cultivo em ambiente semiárido, diz respeito a qual espécie de plantas deve ser utilizada como adubo verde, bem como a dosagem ou quantidade correta a ser usada para proporcionar a máxima eficiência física e econômica nas diferentes condições edafoclimáticas da região para a obtenção do êxito da implantação dessa prática (GIOVANI; CASTRO, 2012).

Com intuito de levantar informações sobre resultados do efeito de fatores de produção, como tipos de adubos verdes, dosagens, épocas de incorporação, entre outros, no desempenho de cultivos na condição semiárida do Nordeste brasileiro, pretende-se mostrar e descrever a seguir resultados obtidos com espécies adaptadas ao bioma Caatinga, utilizadas como adubos verdes na produção de várias culturas alimentares.

6.2 ADUBAÇÃO VERDE EM HORTALIÇAS FOLHOSAS

- **Alface (*Lactuca sativa*):**

Avaliando a adubação verde com a espécie jitirana adaptada ao bioma Caatinga em quantidades de biomassa seca (2,6; 5,2; 7,8 e 10,4 t ha^{-1}) nos tempos de decomposição dessa biomassa (0, 10, 20 e 30 dias antes do plantio) na performance agronômica da alface, cultivar 'lisa', Góes *et al.* (2011) obtiveram maior produtividade de massa fresca de folhas da alface (15,33 t ha^{-1}) quando incorporaram ao solo a quantidade de 6,68 t ha^{-1} de jitirana no tempo de 30 dias antes do transplantio da alface.

Por sua vez, avaliando o desempenho da alface sob quatro quantidades de biomassa seca (10, 25, 40 e 55 t ha^{-1}) de flor-de-seda adicionadas ao solo, Silva *et al.* (2018a) obtiveram máxima eficiência agronômica da produtividade de alface (18,16 t ha^{-1}) com 40,29 t ha^{-1} do adubo verde adicionada ao solo. Também foi possível verificar que a máxima eficiência econômica da alface foi alcançada com a receita líquida de R$ 7.546,31 ha^{-1}, proporcionando uma produtividade de 17,65 t ha^{-1} de massa fresca, com a adição ao solo de 32,20 t ha^{-1} do adubo verde. O uso da flor-de-seda como adubo verde apresenta viabilidade agroeconômica no cultivo dessa folhosa no semiárido do estado do Rio Grande do Norte.

Guerra *et al.* (2022a) obtiveram máximo rendimento de folhas de alface com a adição ao solo de 47,38 t ha^{-1} da mistura de jitirana e flor-de-seda e máxima eficiência econômica de sua produção com a adição de 45,96 t ha^{-1} ao solo.

- **Coentro (*Coriandrum sativum*):**

Utilizando a espécie espontânea da Caatinga flor-de-seda para determinar os efeitos das quantidades de biomassa de 5,4; 8,8; 12,2 e 15,6 t ha^{-1} e dos tempos de incorporação dessa biomassa a 0, 10, 20 e 30 dias antes do plantio do coentro, Souza *et al.* (2017) observaram que o melhor desempenho produtivo do coentro foi obtido nas quantidades de 12,2 (primavera) e 8,8 (outono-inverno) t ha^{-1} do fertilizante verde adicionado ao solo, no tempo de incorporação de 13 (primavera) e 23 (outono-inverno) dias antes da semeadura da cultura, com maiores acúmulos de massas verde e seca da parte aérea alcançados no outono-inverno.

Estudando o efeito de quantidades balanceadas de jitirana e flor-de-seda adicionadas ao solo, Ferreira *et al.* (2022) verificaram que a máxima eficiência agronômica foi alcançada com o rendimento de massa verde do coentro de 4,58 t ha^{-1} com a incorporação de 49,56 t ha^{-1} dos adubos verdes. A máxima eficiência econômica de produção (avaliada em termos de renda líquida e taxa de retorno) dessa hortaliça folhosa foi obtida com a adição ao solo de 42,68 e 41,64 t ha^{-1} desses adubos verdes, respectivamente. A renda líquida e a taxa de retorno otimizadas para essas quantidades de adubos foram de R$ 30.243,92 ha^{-1} e 2,79 reais para cada real investido na produção dessa hortaliça. A utilização da mistura de jitirana e flor-de-seda mostrou-se uma técnica viável para os que cultivam coentro em monocultivo no semiárido.

- **Couve de folhas (*Brassica oleracea*):**

Otimizando agronômica e economicamente o rendimento de massa verde foliar da couve quando adubada com diferentes quantidades de biomassa das espécies espontâneas da Caatinga, jitirana e flor-de-seda em duas estações de cultivos, Ferreira *et al.* (2023) obtiveram máximas eficiências físicas otimizadas do rendimento de folhas comerciais de couve

e do número de maços por metro quadrado, com rendimento de folhas de 16,92 t ha^{-1} e número de maços de 6,97 quando incorporaram ao solo, as quantidades de 56,41 e 48,63 t ha^{-1} de jitirana e flor-de-seda, respectivamente. A máxima eficiência econômica otimizada da produção comercial de couve foi obtida com uma renda líquida de R$ 47.841,44 ha^{-1} e com uma taxa de retorno de aproximadamente 2,47 reais para cada real investido com a aplicação no solo de 53,26 t ha^{-1} dos fertilizantes verdes testados.

- **Rúcula (*Eruca sativa*):**

Estudando a adubação verde com a espécie flor-de-seda em diferentes quantidades de biomassa seca (20; 40; 60, 80 e 100 t ha^{-1}) em duas estações de cultivos na performance agroeconômica da rúcula, cultivar 'Cultivada', Carmo *et al.* (2023) obtiveram máxima eficiência agronômica (rendimento de folhas de rúcula) de 12,68 t ha^{-1} com a adição ao solo de 65,67 t ha^{-1} desse adubo verde.

Diferentemente, Guerra *et al.* (2022a), avaliando as quantidades de biomassa da mistura de jitirana e flor-de-seda de 16, 26, 36, 46 e 56 t ha^{-1} no rendimento de rúcula no semiárido, obtiveram máxima eficiência agronômica (rendimento de folhas de rúcula) com a aplicação ao solo de 42,23 t ha^{-1} desses fertilizantes verdes e máxima eficiência econômica de produção com a adição de 33,61 t ha^{-1}.

Diante do exposto, as espécies jitirana e flor-de-seda utilizadas como adubos verdes, individualmente ou em misturas, demonstraram influência positiva no desempenho produtivo de hortaliças folhosas, proporcionando aumento de produtividade e lucratividade, além dos inúmeros benefícios de cunho ambiental conforme descrito no Capítulo 2.

6.3 ADUBAÇÃO VERDE EM CULTURAS TUBEROSAS

- **Batata-doce (*Ipomoea batatas*):**

Um dos grandes desafios na pesquisa científica com a batata-doce no semiárido é otimizar as quantidades de biomassa das espécies espontâneas como adubos verdes em seu cultivo. Diante da falta de informações, Freitas *et al.* (2023) buscaram otimizar agronômica e economicamente a produção da batata-doce e de seus componentes quando adubada com biomassa das espécies jitirana e flor-de-seda, em duas estações de cultivo. Após esse teste, os autores concluíram que a adubação da batata-doce para obtenção da máxima eficiência produtiva otimizada foi viabilizada com a adição ao solo da quantidade de 45,68 t ha^{-1} desses fertilizantes verdes. Por outro lado, a máxima eficiência agroeconômica otimizada (baseada na renda líquida) do cultivo da batata-doce foi obtida com a quantidade de 44,02 t ha^{-1} dos fertilizantes verdes adicionados ao solo.

- **Beterraba (*Beta vulgaris*):**

Estudando quatro quantidades de jitirana incorporadas ao solo (10, 25, 40 e 55 t ha^{-1} de matéria seca), Silva *et al.* (2019) observaram que a máxima eficiência da produtividade de raízes de beterraba (22,68 t ha^{-1}) foi obtida com 44,92 t ha^{-1} de jitirana adicionada ao solo. A máxima eficiência econômica da produção de raízes da tuberosa foi alcançada com uma receita líquida de R$ 6.406,36 ha^{-1}, proporcionada pela produção de 22,04 t ha^{-1} de raízes comerciais, utilizando 37,03 t ha^{-1} de jitirana incorporada ao solo. A utilização da jitirana como fertilizante verde apresenta viabilidade agroeconômica no plantio da beterraba neste ambiente semiárido, uma vez que a mesma tem uma produção com alto teor de macronutrientes.

Por outro lado, avaliando quantidades de flor-de-seda adicionadas ao solo de 16, 26, 36, 46 e 56 t ha^{-1} de matéria seca na produtividade comercial e na eficiência econômica da beterraba, Silva *et al.* (2023a) obtiveram máxima produtividade (36,14 t ha^{-1}) com a aplicação ao solo de 61,29 t ha^{-1} de flor-de-seda, e renda líquida máxima (R$ 68.740,15 ha^{-1}) quando incorporaram 58,68 t ha^{-1} do adubo verde.

Avaliando diferentes quantidades de biomassa da mistura de jitirana e flor-de-seda (16, 26, 36, 46, 56 t ha^{-1}) na produção e eficiência econômica da beterraba, Lino *et al.* (2021) obtiveram uma produtividade máxima otimizada de 17,58 t ha^{-1} quando se incorporou a quantidade de 49,87 t ha^{-1} desses adubos verdes, alcançando a máxima eficiência econômica de produção de R$ 7.380,83 ha^{-1} quando se adicionou ao solo a quantidade de 36,14 t ha^{-1} desses dois adubos.

- **Cenoura (*Daucus carota*):**

Pesquisando o efeito de diferentes quantidades de jitirana (7,5; 15; 22,5 e 30 t ha^{-1} em base seca) como adubo verde na performance agroeconômica da cenoura em cultivo solteiro, Bezerra Neto *et al.* (2014) registraram produtividade comercial de raízes otimizada de 32,11 t ha^{-1} com a incorporação de 15,54 t ha^{-1} de jitirana no solo e uma eficiência econômica em termos de renda líquida da ordem de R$ 12.974,64 ha^{-1}, adicionando ao solo 13 ha^{-1}.

A eficiência agroeconômica do cultivo de cenoura sob diferentes quantidades de flor-de-seda (20, 35, 50 e 65 t ha^{-1}) adicionadas ao solo foi estudada por Silva *et al.* (2021), que registraram produtividade comercial máxima de raízes de cenoura de 35,90 t ha^{-1} com a incorporação de 47,60 t ha^{-1} do adubo verde ao solo. A máxima renda líquida otimizada obtida neste cultivo foi de R$ 33.744,07 ha^{-1} com a adição ao solo da quantidade de 42,81 t ha^{-1} do adubo verde.

No entanto, Freitas *et al.* (2023), otimizando quantidades de jitirana e flor-de-seda no desempenho produtivo e na eficiência econômica do cultivo da cenoura no semiárido, obtiveram a produtividade de raízes comerciais otimizada de 40,27 t ha^{-1} incorporando ao solo a quantidade de 48,87 t ha^{-1} dos fertilizantes verdes. A eficiência econômica máxima neste cultivo em termos de renda líquida de R$ 74.324,27 ha^{-1} foi alcançada com a adição ao solo de 49,64 t ha^{-1} dos fertilizantes verdes.

- **Rabanete (*Raphanus sativus*):**

Objetivando otimizar a eficiência agroeconômica da produção de rabanete sob quantidades de biomassa seca de jitirana (20, 35, 50 e 65 t ha^{-1}), Nunes *et al.* (2020) obtiveram produtividade otimizada máxima de 7,86 t ha^{-1} com a adição ao solo de 49,29 t ha^{-1} do adubo verde. A eficiência econômica máxima dessa produção foi obtida com uma renda líquida de R$ 11.955,46 t ha^{-1}, quando incorporaram 46,00 t ha^{-1} do adubo.

Não obstante, estimando a produtividade máxima e eficiência econômica do rabanete em monocultivo no semiárido, sob diferentes quantidades de flor-de-seda, Silva *et al.* (2023b) obtiveram uma produtividade otimizada de 9,56 t ha^{-1} com a incorporação de 50,86 t ha^{-1} de flor-de-seda e uma eficiência econômica máxima em termos de renda líquida de R$ 37.641,08 ha^{-1} quando adicionou ao solo 44,39 t ha^{-1} do adubo verde.

Por sua vez, estudando quantidades da mistura de jitirana e flor--de-seda (16, 26, 36, 46 e 56 t ha^{-1}) na produção e eficiência econômica do rabanete, Lino *et al.* (2021) obtiveram uma produtividade máxima otimizada de 6,21 t ha^{-1} quando incorporaram a quantidade de 39,43 t ha^{-1} desses adubos verdes, alcançando a máxima eficiência econômica de produção de R$ 8.857,20 ha^{-1} em termos de renda líquida quando adicionaram ao solo a quantidade de 36,48 t ha^{-1}.

De acordo com os estudos relatados, os adubos verdes mostraram-se como alternativas que contribuem para o desempenho agroeconômico das tuberosas, pois possibilita maior produtividade e lucratividade aos produtos.

6.4 ADUBAÇÃO VERDE EM CULTURA LEGUMINOSA

- **Feijão-caupi (*Vigna unguiculata*):**

Avaliando a viabilidade produtiva e eficiência econômica da cultura do feijão-caupi sob quantidades de jitirana (20, 35, 50 e 65 t ha^{-1} em base seca) adicionadas ao solo em duas estações de cultivos, Silva *et al.* (2020a) obtiveram uma produtividade de grãos verdes otimizada de 2,39 t ha^{-1} adicionando ao solo a quantidade de 43,67 t ha^{-1} de jitirana. A máxima eficiência econômica de R$ 8.232,16 ha^{-1} em termos de renda líquida foi alcançada com a aplicação ao solo de 37,70 t ha^{-1} do adubo.

Por sua vez, estudando quantidades de flor-de-seda (20, 35, 50 e 65 t ha^{-1} em base seca) adicionadas ao solo no desempenho agroeconômico do feijão-caupi no semiárido, Vieira *et al.* (2018) registraram que a produtividade máxima otimizada de grãos verdes de feijão-caupi de 3,05 t ha^{-1} foi alcançada com a adição ao solo de 61,0 t ha^{-1} de flor-de-seda. A eficiência econômica máxima em termos de renda líquida de R$ 8.701,42 ha^{-1} foi obtida com a aplicação ao solo de 53,57 t ha^{-1} de flor-de-seda.

Avaliando a otimização agroeconômica da produção de feijão-caupi para grãos verdes quando adubados com diferentes quantidades da mistura de jitirana e flor-de-seda em duas estações de cultivos no semiárido, Desravines *et al.* (2022) obtiveram máxima produtividade de grãos verdes de feijão-caupi otimizada de 4,06 t ha^{-1} com a adição ao solo de 50,48 ha^{-1} de biomassa dos fertilizantes verdes, e a máxima eficiência econômica dessa produção de grãos verdes obtida com a renda líquida de R$ 5.826,12 ha^{-1} com a aplicação ao solo de 38,74 t ha^{-1} de mistura dos adubos.

No Nordeste brasileiro a cultura do feijão-caupi é de grande importância econômica e alimentar. E um dos desafios em seus sistemas de produção é encontrar espécies espontâneas da Caatinga que sejam viáveis para serem utilizadas como adubo verde em seus sistemas de cultivos e que ofereçam resultados promissores na sua produção e produtividade aos produtores dessa cultura.

6.5 ADUBAÇÃO VERDE EM CULTURAS CONSORCIADAS

Uma das formas de cultivo que aumentam a produção das culturas por unidade de área é por meio da consorciação de culturas, em que se cultivam duas ou mais culturas simultaneamente na mesma área de terra (ALMEIDA *et al.*, 2015; MORAIS *et al.*, 2018; NASCIMENTO *et al.*, 2018; SOUSA *et al.*, 2018). Essas culturas não são necessariamente semeadas ou colhidas exatamente na mesma época, mas elas são cultivadas simultaneamente por uma parte significativa dos seus períodos de crescimento e desenvolvimento. Nessas circunstâncias, o consórcio pode ajudar no aumento da produção agregada por unidade de insumo, garantir contra a quebra de safra e de flutuações de mercado, atender a preferência alimentar e/ou demandas culturais, proteger e melhorar a qualidade do solo e aumentar a renda do produtor (RUSINAMHODZI *et al.*, 2012). Um dos desafios para o sucesso desse sistema de produção combinado é a escolha das culturas e fatores de produção, como adubação verde, densidades populacionais, entre outros.

As culturas a serem desenvolvidas neste sistema de produção devem ser companheiras, ou seja, quando cultivadas juntas ou próximas umas das outras, ajudam-se e se beneficiam, possibilitando assim maior uso da área de cultivo, com ação inibitória sobre insetos nocivos ou benéficos às culturas e que algumas delas possam melhorar a qualidade do solo (ANDRADE FILHO *et al.*, 2020). A consorciação de plantas companheiras é uma ótima maneira de evitar agrotóxicos, contribuir para a biodiversidade e aumentar o rendimento da produção vegetal (BORGHI *et al.*, 2008). O cultivo consorciado permite otimizar o uso de recursos ambientais, como nutrientes, água e radiação solar, já que as espécies vegetais possuem ciclos de crescimento diferentes. Dessa forma, as plantas companheiras não competem por nutrientes, espaço e luz e não têm efeitos tóxicos (alopáticos) umas sobre as outras. A seguir serão apresentados resultados de cultivos consorciados fertilizados com adubos verdes no semiárido.

- **Alface e rúcula (*folhosa com folhosa*):**

Avaliando a eficiência da consorciação de alface e rúcula, em diferentes quantidades de flor-de-seda (5, 15, 25, 35 e 45 t ha^{-1} em base seca) adicionadas ao solo, Almeida *et al.* (2015) registraram que a otimização do desempenho agronômico da alface consorciada com rúcula, em termos da variável canônica Z= 3,58, foi viabilizada com a adição ao solo de 37 t ha^{-1} de flor-de-seda. O uso de flor-de-seda como adubo verde é viável agronomicamente na consorciação de folhosa com folhosa, além de contribuir para um melhor aproveitamento dos recursos ambientais.

- **Cenoura e alface (*tuberosa com folhosa*):**

Guerra *et al.* (2022b) reportam que produtores que praticam a consorciação de culturas folhosas com tuberosas geralmente buscam agrossistemas com alta produtividade, maior diversificação da produção, produtos de alta qualidade e principalmente retorno agroeconômico. Por sua vez, Silva *et al.* (2018a), avaliando o desempenho produtivo de consórcios de cenoura e alface em diferentes quantidades de flor-de-seda (10, 25, 40 e 55 t ha^{-1} em base seca) adicionadas ao solo e em diversos arranjos espaciais entre as culturas componentes de 2:2, 3:3 e 4:4, correspondendo às fileiras de cenoura alternadas com as fileiras de alface, observaram que a performance agronômica do sistema consorciado de cenoura e alface foi otimizada na quantidade de 46,36 t ha^{-1} de flor-de-seda incorporada ao solo. Não houve influência dos arranjos espaciais sobre a eficiência agronômica do consórcio de cenoura e alface. O uso da flor-de-seda como adubo verde é agronomicamente viável em consórcios de cenoura e alface.

- **Beterraba e alface (*tuberosa com folhosa*):**

Não obstante, Silva *et al.* (2018b) relatam que a beterraba e a alface são culturas geralmente cultivadas em consórcios em sistemas de produção familiar de forma sustentável em regiões semiáridas. Tentando otimizar o desempenho do consórcio de beterraba e alface, esses autores avaliaram diferentes quantidades de jitirana (6, 19, 32 e 45 t ha^{-1}, em base seca) como adubo verde em três arranjos espaciais entre as culturas componentes (2:2, 3:3 e 4:4) nos indicadores agroeconômicos de sustentabilidade desse consórcio, em dois cultivos sucessivos. Como resultado, eles observaram melhor desempenho agroeconômico otimizado do consórcio de beterraba-alface, em termos de UET = 2,18; IEP (índice de eficiência produtiva) = 0,86 e RL (Renda líquida) = R$ 22.671,62 ha^{-1}, com a incorporação das quantidades de 37,57; 37,35 e 35,44 t ha^{-1} de jitirana, respectivamente. A cultura da alface contribuiu significativamente para a eficiência produtiva e sustentabilidade da consorciação com a beterraba, em comparação com as culturas cultivadas em monocultivo. Os arranjos espaciais entre as culturas componentes não afetaram a performance agroeconômica da alface consorciada com a beterraba.

A utilização de sistema de cultivo que proporcione aos produtores melhor aproveitamento da terra, maior produtividade por unidade de área, maior diversificação da produção e, consequentemente, vantagens agroeconômicas, tem sido a escolha dos produtores de hortaliças. Guerra *et al.* (2022b), avaliando a viabilidade agroeconômica do bicultivo de alface em consorciação com beterraba sob diferentes quantidades da mistura de jitirana e flor-de-seda (20, 35, 50 e 65 t ha^{-1} em base seca) em diversas densidades de plantio da alface (150, 200, 250 e 300 mil plantas de alface ha^{-1}), combinadas com 500 mil plantas por hectare de beterraba em duas estações de cultivos no semiárido, observaram maiores retornos agroeconômicos da associação alface-beterraba com UET e UETT de 2,59 e 1,39; IEP e Z de 0,97 e 2,32; RB, RL e VM de R$ 94.742,89; R$ 59.121,45 e R$ 56.631,98 ha^{-1} e TR de R$ 2,75 para cada real investido, respectivamente, na combinação da quantidade de 65 t ha^{-1} de jitirana e flor-de-seda e densidade de alface de 300 mil plantas por hectare. A beterraba foi a cultura dominante e a alface a dominada.

- **Beterraba e rúcula (*tuberosa com folhosa*):**

O êxito da associação de culturas com hortaliças no semiárido depende do tipo de cultura cultivada e da manipulação adequada dos fatores, tratamentos testados, tais como fertilização, população de plantas, entre outros. Assim, Lino *et al.* (2021), avaliando o retorno agroeconômico do consórcio em faixas de beterraba e rúcula em várias quantidades balanceadas de jitirana e flor-de-seda (20, 35, 50 e 65 t ha^{-1} em base seca) em diferentes densidades de rúcula (40, 60, 80 e 100% da população recomendada em monocultura – PRM), associada à população de beterraba de 100% da PRM, em duas estações de cultivos, registraram os maiores retornos bioeconômicos do consórcio de beterraba e rúcula de: 1,87; 7,44; 1,90; 0,98; 2,52; R$ 85.827,79 e R$ 65.425,01 ha^{-1}; 4,24 para cada real investido e 77,02% na margem de lucro, respectivamente, para razão equivalente de terra (RET), vantagem do consórcio (VC), perda real de rendimento (PRR), índice de eficiência produtiva (IEP), escore da variável canônica (Z), renda bruta (RB) e renda líquida (RL), taxa de retorno (TR) e índice de lucratividade (IL) na quantidade balanceada de 65 t ha^{-1} de jitirana e flor-de-seda, e na densidade de rúcula de 100% da PRM de um milhão de plantas ha^{-1}.

- **Rabanete e alface (*tuberosa com folhosa*):**

O rabanete e a alface são cultivos que podem ser associados, pois são hortaliças consideradas companheiras, ou seja, que se complementam. Avaliando vantagens agroeconômicas da consorciação de rabanete e alface, Lino *et al.* (2023) registraram respostas agrobioeconômicas dessa consorciação de 2,25 na razão equivalente de terra (RET), de 3,00 no escore da variável canônica Z e de R$ 52.270,48 ha^{-1} na renda liquida (RL), respectivamente, na quantidade de 65 t ha^{-1} dos fertilizantes verdes e na densidade de alface de 300 mil plantas ha^{-1}. Além disso, registraram também um índice de eficiência produtiva (IEP) de 0,96 e uma razão competitiva (RC) de 2,61 na quantidade de biomassa dos fertilizantes de 65 t ha^{-1} e na densidade de alface de 150 mil plantas ha^{-1}.

- **Rabanete e rúcula (*tuberosa com folhosa*):**

De acordo com Sá *et al.* (2022), o cultivo de rabanete com rúcula em sistemas de consorciação em faixas está crescendo em ambientes semiárido. O grande desafio tem sido avaliar a eficiência agroeconômica no consórcio quando fertilizado com biomassa vegetal de espécies espontâneas da Caatinga. Neste contexto, analisaram a viabilidade produtiva e econômica do consórcio dessas hortaliças fertilizadas com diferentes quantidades de jitirana e flor-de-seda (20, 35, 50 e 65 t ha^{-1} em base seca) adicionadas ao solo, em diversas densidades de plantas de rúcula (40, 60, 80 e 100% da densidade recomendada em cultivo solteiro - DRCS) em consórcio com 100% da densidade de rabanete recomendada em cultivo solteiro. As maiores vantagens agroeconômicas da consorciação de rabanete e rúcula foram obtidas com um coeficiente equivalente de terra (LEC) e razão monetária equivalente (MER) de 0,55 e 1,35, respectivamente, nas quantidades de mistura de biomassa de jitirana e flor-de-seda de 54,75 e 54,55 t ha^{-1} adicionadas ao solo. A densidade de rúcula de 100% da DRCS proporcionou a maior eficiência agroeconômica do sistema consorciado de rabanete com rúcula com LEC e MER de 0,58 e 1,33, respectivamente. O uso de mistura de biomassa dessas espécies de plantas da Caatinga apresenta-se como uma técnica viável para produtores que cultivam rabanete e rúcula em consorciação no semiárido. A preocupação do agricultor com a preservação dos recursos naturais, bem como com a busca por uma melhor qualidade de vida, contorna as possíveis limitações que o meio ambiente pode oferecer em uma determinada cultura consorciada. A opção pelo sistema consorciado pode proporcionar aos produtores alternativas viáveis para otimizar a área plantada, além de maior produtividade e estabilidade econômica das atividades na propriedade rural.

- **Cenoura e feijão-caupi (*tuberosa com leguminosa*):**

Objetivando determinar qual quantidade de flor-de-seda deve ser incorporada ao solo para proporcionar o melhor desempenho produtivo das culturas componentes no consórcio cenoura e caupi e aumentar a rentabilidade desse consórcio, Bezerra Neto *et al.* (2019), avaliando quatro quantidades de flor-de-seda (10, 25, 40 e 55 t ha^{-1} em base seca) adicionadas ao solo, observaram que a máxima eficiência agronômica do consórcio cenoura e caupi foi alcançada em termos de índice de uso eficiente da terra (UET) de 1,12, utilizando-se 43,39 t ha^{-1} de flor-de-seda adicionada ao solo, enquanto a eficiência econômica máxima da associação cenoura-caupi foi obtida com a renda líquida de R$ 17.856,43 ha^{-1}, na quantidade de 40,60 t ha^{-1} do adubo verde.

Por outro lado, avaliando diferentes quantidades de jitirana (20, 35, 50 e 65 t ha^{-1} em base seca) adicionadas ao solo em três arranjos espaciais (2:2, 3:3 e 4:4), em duas épocas de cultivos do consórcio de cenoura e feijão-caupi, Silva *et al.* (2021) obtiveram maiores vantagens agroeconômicas desse consórcio com UET de 2,60 e RL de US$ 8.720,99 ha^{-1}, quando foram adicionadas ao solo as quantidades de 46,42 e 32,60 t ha^{-1} do adubo verde. O arranjo espacial 2:2 foi o de melhor desempenho produtivo, com maior receita líquida e taxa de retorno no consórcio entre cenoura e caupi.

- **Rabanete e feijão-caupi (*tuberosa com leguminosa*):**

Estudando a responsividade agroeconômica de associações de rabanete com feijão-caupi em diferentes quantidades de flor-de-seda (20; 35; 50 e 65 t ha^{-1} em base seca) adicionadas ao solo e em três arranjos espaciais (2:2; 3:3 e 4:4), Nunes *et al.* (2018) obtiveram a maior responsividade agroeconômica em termos de vantagem monetária líquida (VML= R$ 6.777,26 ha^{-1}) desse consórcio quando incorporaram ao solo 56,44 t ha^{-1} de flor-de-seda. Os arranjos espaciais testados apresentaram responsividades semelhantes em termos agronômico e econômico. Baseados nestes indicativos, os autores afirmam que a associação entre o rabanete e o feijão-caupi é viável quando as culturas são adubadas com flor-de-seda.

- **Alface, cenoura e rúcula (*folhosa, tuberosa e folhosa*):**

Avaliando a eficiência agroeconômica de agrossistemas provenientes de dois cultivos de alface e dois de rúcula em consorciação com cenoura em diferentes quantidades de flor-de-seda (10, 25, 40 e 55 t ha^{-1} em base seca) adicionadas ao solo e em diversas proporções de densidades populacionais das culturas componentes no policultivo (50A-50C-50R%; 40A-50C-40R%; 30A-50C-30R% e 20A-50C-20R% das populações recomendadas em cultivo solteiro – PRCS), Oliveira *et al.* (2017a) registraram melhor desempenho agroeconômico do policultivo de alface, cenoura e rúcula em termos de índice de lucratividade otimizado (37,23%) na quantidade de 25 t ha^{-1} de flor-de-seda incorporada ao solo. A densidade populacional das culturas de alface, cenoura e rúcula, nas proporções de 50A-50C-50R% das PRCS, foi a que proporcionou ao policultivo as melhores eficiências agroeconômicas.

- **Coentro, cenoura e rúcula (*folhosa, tuberosa e folhosa*):**

O desempenho agroeconômico do policultivo de coentro (Co), cenoura (C) e rúcula (R) adubado com diferentes quantidades de jitirana (7,5; 15,0; 22,5 e 30,0 t ha^{-1} em base seca) adicionadas ao solo sob diversas densidades populacionais entre as culturas componentes (20Co-50C-20R; 30Co-50C-30R; 40Co-50C-40R e 50Co-50C-50R (%) da população recomendada no cultivo solteiro - PRCS), foi avaliado por Oliveira *et al.* (2017b), que registraram melhor desempenho agroeconômico em termos de UET = 1,61; Z= 7,54 e RL= R$ 4016,56 ha^{-1}, com a adição ao solo de 22,15; 22,18 e 18,21 t ha^{-1} de jitirana, respectivamente. A densidade populacional que proporcionou o melhor desempenho agroeconômico foi a de 50A-50C-50Co (%).

- **Coentro, beterraba e rúcula (*folhosa, tuberosa e folhosa*):**

Andrade Filho *et al.* (2020), avaliando a sustentabilidade e viabilidade agroeconômica do policultivo proveniente de dois cultivos de coentro (C) e dois de rúcula (R) consorciados com beterraba (B) sob quantidades de flor-de-seda (6, 19, 32 e 45 t ha^{-1} em base seca) adicionadas ao solo e de quatro densidades populacionais de coentro, beterraba e rúcula (20C-50B-20R%, 30C-50B- 30R%, 40C-50B-40R% e 50C-50B-50R% das densidades recomendadas em seus cultivos solteiros – DRCS), registraram melhor desempenho agronômico do policultivo na densidade de 40C-50B-40R% da DRCS na quantidade de 19 t ha^{-1} de flor-de-seda. Por outro lado, a maior rentabilidade econômica do policultivo foi obtida com a densidade de 20C-50B-20R (%) da DRCS na quantidade de 45 t ha^{-1} desse adubo verde.

Diante desses resultados, observa-se que a viabilidade agroeconômica do policultivo de coentro, beterraba e rúcula pode ser obtida quando os fatores de produção, adubação e densidades populacionais das culturas componentes são bem manejados.

6.6 CONSIDERAÇÕES FINAIS

O sistema consorciado associado ao uso de adubação verde com espécies espontâneas do bioma Caatinga tem sido um método alternativo de cultivo aplicado ao setor produtivo de hortaliças e culturas alimentares na região semiárida nordestina.

As espécies espontâneas jitirana e flor-de-seda são plantas consideradas potencialmente adubadeiras e que podem proporcionar às culturas folhosas, tuberosas e alimentares expressarem seus potenciais produtivos. É possível verificar o desempenho das espécies espontâneas nos mais diversos sistemas de cultivos, seja monocultivo ou cultivo consorciado.

A adubação com fertilizantes verdes é uma técnica de cultivo; quando viavelmente bem manejada, promove a cobertura do solo, aumenta a umidade, a ciclagem de nutrientes e a dinâmica dos microrganismos no solo que ajudam a combater nematoides e doenças do solo, bem como a abrigar inimigos naturais a atraírem polinizadores e insetos benéficos como predadores de pragas. Esse é o perfil dessa técnica de adubação que utiliza espécies espontâneas do bioma Caatinga disponíveis em área rural, de acesso fácil e manuseio pelo pequeno produtor.

6.7 REFERÊNCIAS

ALMEIDA, A. E. S.; BEZERRA NETO, F.; COSTA, L. R.; SILVA, M. L.; LIMA, J. S. S.; BARROS JUNIOR, A. P. Eficiência agronômica do consórcio alface-rúcula fertilizado com flor-de-seda. *Revista Caatinga*, v. 28, n. 3, p. 79-85, 2015.

ANDRADE FILHO, F. C.; OLIVEIRA, E. Q.; LIMA, J. S. S.; MOREIRA, J. N.; SILVA, Í. N.; LINS, H. A.; CECÍLIO FILHO, A. B.; BARROS JÚNIOR, A. P.; BEZERRA NETO, F. Agro-economic viability from two croppings of broadleaf vegetables intercropped with beet fertilized with roostertree in different population densities. *Revista de la Facultad de Ciencias Agrarias*, v. 52, n. 1, p. 210-224, 2020.

BEZERRA NETO, F.; OLIVEIRA, L. J.; SANTOS, A. P.; LIMA, J. S. S.; SILVA, I. N. Otimização agroeconômica da cenoura fertilizada com diferentes doses de jitirana. *Revista Ciência Agronômica*, v. 45, n. 2, p. 305-311, 2014.

BEZERRA NETO, F.; SILVA, M. L.; LIMA, J. S. S.; BARROS JÚNIOR, A. P.; SILVA, I. N.; CHAVES, A. P. Viabilidade produtiva e rentabilidade do consórcio cenoura-feijão-caupi com diferentes quantidades de *Calotropis procera*. *Revista Caatinga*, v. 32, n. 1, p. 62-71, 2019.

BORGHI, E.; COSTA, N. V.; CRUSCIOL, C. A. C; MATEUS, G. P. Influência da distribuição espacial do milho e da Brachiaria brizantha consorciados sobre a população de plantas daninhas em sistema plantio direto na palha. *Planta Daninha*, v. 26, n. 3, p. 559-568, 2008.

CARMO, I. D. J. S. *Cultivo de rúcula (*Eruca sativa *Mill.) sob adubação de biomassa de flor-de-seda (*Calotropis procera *(Ait.) R. Br.) em ambiente semiárido*. 2023. (Dados não publicados)

DESRAVINES, R. P.; BEZERRA NETO, F.; LIMA, J. S. S.; SANTOS, C. E.; GUERRA, N. M.; LINO, V. A. S. Produção otimizada de feijão-caupi imaturo sob adubação verde em ambiente semiárido. *Revista Caatinga*, v. 35, n. 3, p. 606-617, 2022.

FERREIRA, R. C.; BEZERRA NETO, F.; LIMA, J. S. S.; SANTOS, C. E.; GUERRA, N. M.; FREITAS, I. A. S. Uso da biomassa de *Merremia aegyptia* e *Calotropis procera* no cultivo de coentro no semiárido. *Revista Caatinga*, v. 35, n. 3, p. 595-605, 2022.

FERREIRA, R. C. *Produção de coentro e de couve de folha adubados com jitirana e flor-de-seda em ambiente semiárido*. 2023. 97 f. Tese (Doutorado em Fitotecnia) – Universidade Federal Rural do Semi-Árido, Mossoró, 2023.

FREITAS, I. A. S. *Performance agroeconômica de batata doce e cenoura em cultivo solteiro em diferentes quantidades de misturas equitativas de biomassa de jitirana e flor-de-seda incorporadas ao solo*. 2023. 100f. Tese (Doutorado em Fitotecnia) – Universidade Federal Rural do Semi-Árido, Mossoró, 2023.

GIOVANI ROSSI, G.; CASTRO, P. R. C. *Ecofisiologia dos adubos verdes*. Piracicaba: ESALQ/USP, 2012. 70p.

GÓES, S. B.; BEZERRA NETO, F.; LINHARES, P. C. F.; GÓES, G. B.; MOREIRA, J. N. Productive performance of lettuce at different amounts and times of decomposition of dry scarlet starglory. *Revista Ciência Agronômica*, v. 42, n. 4, p. 1036-1042, 2011.

GUERRA, N. M.; BEZERRA NETO, F.; LIMA, J. S. S.; SANTOS, E. C.; NUNES, R. L. C.; LINO, V. A. S. Models for predicting broadleaf vegetable responses to green manures mixtures in semi-arid environment. *Revista em Agronegócio e Meio Ambiente*, v. 15, n. 4, p. 1-19, 2022a.

GUERRA, N. M.; BEZERRA NETO, F.; LIMA, J. S. S.; SANTOS, E. C.; NUNES, R. L. C.; PORTO, V. C. N.; QUEIROGA, R. C. F.; LINO, V. A. S.; SÁ, J. M. Agro--economic viability of lettuce-beet intercropping under green manuring in the semi-arid region. *Horticultura Brasileira*, v. 40, n. 1, p. 78-87, 2022b.

GUERRA, N. M.; SANTOS, E. C.; BEZERRA NETO, F.; LIMA, J. S. S.; PORTO, V. C. N.; LINO, V. A.; QUEIROGA, R. C. F. Post-harvest indices and color parameters in beet roots intercropped with lettuce under organic fertilization and population densities. *Food Science and Technology*, v. 42, e05822, 2022c.

LINO, F. K. K. S.; BEZERRA NETO, F.; SANTOS, E. C.; LIMA, J. S. S.; CHAVES, A. P.; RODRIGUES, G. S. O.; GUERRA, N. M.; SILVA, I. N.; LINO, V. A. S. Maximizing agro-bioeconomic benefits in intercropped systems of radish and lettuce in the semi-arid environment. *Revista Brasileira de Engenharia Agricola e Ambiental*, v. 27, n. 2, p. 121-131, 2023.

LINO, V. A. S.; BEZERRA NETO, F.; LIMA, J. S. S.; SANTOS, E. C.; NUNES, R. L. C.; GUERRA, N. M.; LINO, F. K. K. S.; SÁ, J. M.; DESRAVINES, R. P.; CHAVES, A. P.; PORTO, V. C. N. Beetroot and radish production under different doses of green manures. *Research, Society and Development*, v. 10, n. 16, p. 1-17, 2021.

MORAIS, E. C.; LIMA, J. S. S.; BEZERRA NETO, F.; SILVA, J. N.; NUNES, R. L. C.; LINHARES, P. C. A. Habilidade competitiva e biológica do consórcio beterraba com caupi-hortaliça proveniente. *Revista Ceres*, v. 65, n. 5, p. 433-442, 2018.

NASCIMENTO, C. S.; CECILIO FILHO, A. B.; MENDONZA-CORTEZ, J. W.; NASCIMENTO, C. S.; BEZERRA NETO, F.; GRANGEIRO, L. C. Effect of population density of lettuce intercropped with rocket on productivity and land-use efficiency. *Plos One*, v. 13, n. 4, p. 1-14, 2018.

NUNES, R. L. C.; BEZERRA NETO, F.; LIMA, J. S. S.; BARROS JÚNIOR, A. P.; CHAVES, A. P.; SILVA, J. N. Responsividade agroeconômica da associação de rabanete com feijão-caupi na presença de diferentes quantidades de *Calotropis procera*, arranjos espaciais e cultivos agrícolas. *Ciência e Agrotecnologia*, v. 42, n, 4, p. 350-363, 2018.

NUNES, R. L. C.; BEZERRA NETO, F.; LIMA, J. S. S.; CHAVES, A. P.; PRATA, J. N.; SANTOS, C. E. Efeito da adubação verde com *Merremia aegyptia* na eficiência agroeconômica da produção de rabanete. *Revista Caatinga*, v. 33, n. 4, p. 964-973, 2020.

OLIVEIRA, F. C. C.; FERREIRA, G. W. D.; SOUZA, J. L. S.; VIEIRA, M. E. O.; PEDROTTI, A. Soil physical properties and soil organic carbon content in northeast Brazil: long-term tillage systems effects. *Scientia Agricola*, v. 77, n. 4, e20180166, 2020.

OLIVEIRA, L. A. A.; BEZERRA NETO, F.; BARROS JUNIOR, A. P.; SILVA, M. L.; OLIVEIRA, O. F. N.; LIMA, J. S. S. Agro-economic efficiency of polycultures of arugula-carrot-lettuce fertilized with roostertree at different population density proportions. *Revista Brasileira de Engenharia Agrícola e Ambiental*, v. 21, n.11, p. 791-797, 2017a.

OLIVEIRA, L. J.; BEZERRA NETO, F.; LIMA, J. S. S.; OLIVEIRA, E. Q.; MOREIRA, J. N.; SILVA, I. N. Viability of polycultures of arugula-carrot-coriander fertilized with hairy woodrose under different population densities. *Revista Brasileira de Engenharia Agrícola e Ambiental*, v. 21, n. 9, p. 611-617, 2017b.

RUSINAMHODZI, L.; CORBEELS, M.; NYAMANGARA, J. Maize-grain legume intercropping is an attractive option for ecological intensification that reduces climatic risk for smallholder farmers in central Mozambique. *Field Crops Research*, v. 136, n. 12, p. 12-22, 2012.

SÁ, J. M.; BEZERRA NETO, F.; QUEIROGA, R. C. F.; CHAVES, A. P.; LIMA, J. S. S.; SANTOS, C. E.; NUNES, R. L. C.; GUERRA, N. M.; FLEX, V. A. S. Desempenho produtivo e eficiência agroeconômica do consórcio rabanete-rúcula sob adubação verde e densidade de plantio. *Horticultura Brasileira*, v. 40, n. 2, p. 44-56, 2022.

SILVA, E. A. *Eficiência agroeconômica de beterraba adubada com flor-de-seda em duas estações de cultivo.* 2023a. 55f. Dissertação (Mestrado em Horticultura Tropical) – Universidade Federal de Campina Grande (UFCG), Pombal, PB, 2023a.

SILVA, I. N.; BEZERRA NETO, F.; BARROS JUNIOR, A. P.; LIMA, J. S. S.; BATISTA, T. M. V.; LINS, H. A. Green manure and spatial arrangement in the sustainability improvement of lettuce-beet intercrops. *Revista Brasileira de Engenharia Agricola e Ambiental*, v. 22, n, 7, p. 451-457, 2018b.

SILVA, I. N.; BEZERRA NETO, F.; BARROS JÚNIOR, A. P.; LIMA, J. S. S.; CHAVES, A. P.; ALBUQUERQUE, J. R. T.; LINS, H. A.; SANTOS, M. G.; SOARES, E.

B. Desempenho agronômico e rentabilidade econômica da alface adubada com *Calotropis procera* como adubo verde em cultivo único. *Australian Journal of Crop Science*, v. 12, n.10, p. 1573-1577, 2018a.

SILVA, I. N.; BEZERRA NETO, F.; BARROS JÚNIOR, A. P.; LIMA, J. S. S.; CHAVES, A. P.; NUNES, R. L. C.; LINS, H. A.; ALBUQUERQUE, J. R. T. Agro-biological and economic efficiency in a beetroot (*Beta vulgaris* L.) production system fertilized with hairy woodrose (*Merremia aegyptia* (L.) Urb.) as green manure. *Australian Journal of Crop Science*, v. 13, n. 3, p. 395-402, 2019.

SILVA, J. N.; BEZERRA NETO, F.; LIMA, J. S. S.; BARROS JÚNIOR, A. P.; NUNES, R. L. C.; CHAVES, A. P. Agronomic and economic feasibility indicators for cowpea--vegetable under green manure in a semiarid environment. *Revista Ciência Agronômica*, v. 51, n. 2, p. 1-11, 2020.

SILVA, J. N.; BEZERRA NETO, F.; LIMA, J. S. S.; PEIXOTO CHAVES, A. P.; SANTOS, E. C.; NUNES, R. L . C. Agro-economic indicators for carrot under green manure in a semi-arid environment. *Revista Caatinga*, v. 34, n. 2, p. 257-265, 2021.

SILVA, J. P. P. *Indicadores agroeconômicos e qualidade pós-colheita do rabanete sob adubação orgânica em duas estações de cultivo*. 2023b. 89 f. Dissertação (Mestrado em Fitotecnia) – Universidade Federal Rural do Semi-Árido (Ufersa), Mossoró-RN, 2023.

SOUZA, E. G. F.; SOUZA, A. R. E.; SOARES, E. B.; BARROS JUNIOR, A. P.; SILVEIRA, L. M.; BEZERRA NETO, F. Green manuring with *Calotropis procera* for the production of coriander in two growing seasons. *Ciência e Agrotecnologia*, v. 41, n. 5, p. 533-542, 2017.

SOUZA, L. S.; BORGES, A. L.; SOUZA, L. D. Influência da adubação verde em aspectos 112 Extensão Rural em Foco: Apoio à Agricultura Familiar, Empreendedorismo e Inovação - Volume 2 físicos, químicos e biológicos do solo. *In:* TOFANELLI, M. B. D.; SILVA, T. O. *Manejo ecológico e conservação dos solos e da água no Estado de Sergipe*. São Cristóvão, SE: Editora UFS, 2011. p. 115-142.

VIEIRA, F. A.; BEZERRA NETO, F.; SILVA, M. L.; LIMA, J. S. S.; BARROS JÚNIOR, A. P.; SILVA, I. N. Eficiência técnico-econômica do rendimento de grãos verdes de feijão-caupi fertilizado com flor-de-seda. *Revista Caatinga*, v. 31, n. 2, p. 504-510, 2018.

Capítulo 7

INDICADORES DE VIABILIDADE ECONÔMICA EM SISTEMAS AGROECOLÓGICOS

Jorge Luiz de Oliveira Cunha
Renato Dantas Alencar
Vania Christina Nascimento Porto

7.1 INTRODUÇÃO

As temáticas do aumento da produtividade, bem como da redução dos custos de produção dos agrossistemas, sempre estiveram no foco das discussões e das pesquisas realizadas no meio rural, pois, juntamente com as questões da sustentabilidade ambiental e o monitoramento dos indicadores econômicos, são fundamentais para a utilização de agroecossistemas com eficiência. Guiducci *et al.* (2012) relatam que são imprescindíveis as transformações estruturais realizadas pelos agricultores para o desenvolvimento e a modernização das atividades produtivas e dos agroecossistemas. Para isso, faz-se necessário que os mesmos tenham conhecimentos do ambiente onde estão inseridos, dos sistemas de produção praticados, das técnicas e manejos adequados, além da gestão dos recursos naturais e dos custos de produção (fixos e variáveis) por atividade produtiva, devendo sempre ser atualizados e analisados para contribuírem na tomada de decisão.

A maioria dos agricultores brasileiros não costuma fazer anotações e controles de indicadores de eficiência produtiva ou econômica, principalmente nas regiões semiáridas, devido à baixa escolaridade da população rural. A incorporação de técnicas de controles e planejamento na gestão dos empreendimentos rurais, sobretudo monitoramento dos indicadores econômicos como renda bruta, renda líquida, taxa de retorno, índice de lucratividade e vantagem monetária são importantes na gestão (REZENDE, 2008).

É importante esta mudança de hábito com relação à gestão das atividades agropecuárias, em que o agricultor deve controlar, registrar e analisar os indicadores das atividades produtivas desenvolvidas na propriedade, avaliando a realidade atual e os cenários possíveis, bem como as variáveis agronômicas, climatológicas e mercadológicas, além dos indicadores econômicos.

Os indicadores econômicos são um conjunto de parâmetros financeiros que auxiliam no processo de gestão e na tomada de decisão dos negócios com vista à maximização dos lucros e melhor caracterização do cenário financeiro da atividade produtiva, sendo necessário também sempre levar em consideração as dimensões ambientais e sociais quando falamos em sistemas agroecológicos.

O monitoramento dos indicadores econômicos das atividades produtivas agropecuárias apresenta-se como uma tarefa de relativa complexidade que requer conhecimento financeiro para coletar os dados, consolidar e analisar a curto, a médio e longo prazo. As técnicas gerenciais de avaliação e planejamento das atividades produtivas devem sempre almejar a prosperidade dos negócios, privilegiando a promoção da sustentabilidade econômica desses empreendimentos (LOURENZANI; PINTO; CARVALHO; CARMO, 2008) e também o uso racional dos recursos naturais e as melhorias sociais na propriedade e no entorno.

As análises dos indicadores de desempenho devem ser realizadas para as diversas atividades produtivas exploradas da propriedade, focando nos indicadores de desempenho agrícola (PIOVESANI; BORTOLUZZI; SILVA; 2015; SABBAG; COSTA, 2015).

7.2 INDICADORES ECONÔMICOS GERAIS

Dentre os vários indicadores econômicos utilizados para a análise de viabilidade econômica dos sistemas de produção destacam-se:

a. custo total;
b. custo operacional total;
c. manutenção e conservação;
d. depreciação;
e. custos de oportunidade ou alternativos;
f. renda bruta;
g. renda líquida;
h. taxa de retorno;

i. índice de lucratividade;

j. vantagem monetária.

a. Custo total

Devem ser calculados por atividade produtiva por meio da mensuração de seus custos de produção e comercialização dos produtos, elencando as despesas, por unidade do produto (kg, litro, animal etc.). Para melhor compreensão dos indicadores econômicos no processo de tomada de decisão é importante distinguirmos o conceito de custo e despesas. Os custos podem ser entendidos como os gastos associados direta ou indiretamente à produção, como, por exemplo: sementes, fertilizantes, defensivos, mão de obra, etc. (Tabela 1). Por outro lado, as despesas são gastos oriundos das vendas e demais despesas financeiras ou administrativas (MARION, 2014).

Tabela 1 – Classificação dos gastos conforme Martins (1990)

Terminologia	Características
Despesas	Gasto associado diretamente ou indiretamente à circulação ou realização de receitas.
Custos	Gasto associado à produção.
Perdas	Consumo de forma anormal e involuntária.
Desperdícios	Gasto excedente pelo mau uso dos recursos.
Investimentos	Aplicação de recursos com a expectativa de um benefício futuro.

Fonte: adaptado de Martins (1990)

Geralmente, os custos das atividades desenvolvidas com princípios agroecológicos compreendem o conjunto de gastos que estão ligados à produção agrícola, sendo classificados segundo Pires e Krause (2020) como:

- Custos fixos (CF): Os elementos de despesas realizados pelo produtor, independentemente do volume de produção, tais como: depreciações, seguros, manutenção periódica de máquinas, pró-labore, funcionário fixo, entre outros.
- Custos variáveis (CV): São todos os gastos que variam em função da quantidade da produção, despesas da lavoura ou demais despesas, como pós-colheita, e incidente sobre o capital de giro utilizado, tais como: sementes, adubos, combustíveis, rações, mão de obra esporádica, entre outros.

O somatório dos custos fixos mais os custos variáveis e a remuneração dos atribuídos aos fatores de produção resultam no indicador de custo total, o qual varia entre agricultores do mesmo segmento de acordo com a utilização da tecnologia empregada no processo, a eficiência na aplicação dos insumos, produtividade, remuneração atribuída etc. O custo total representa um indicador econômico imprescindível para os agricultores mensurarem a margem de lucro obtida como a comercialização dos produtos.

O custo de mão de obra familiar do agricultor (pró-labore) deve ser enquadrado como custo fixo, pois independe do volume produzido e da área plantada. Já a mão de obra contratada esporádica e sazonal para realização de algumas etapas e serviços necessários ao processo produtivo como colheita, corte e preparo de terra são enquadrados como custos variáveis.

A mão de obra contratada deverá ser registrada para fins de análise de custos por hora trabalhada, diária (8 horas), por área (hectare), por produção (unidade, peso, volume).

b. Custo operacional total

Na gestão econômica e financeira faz-se necessário que o agricultor detenha conhecimento sobre todos os componentes do custo da produção que é obtido por meio do indicador econômico de custo operacional total. A metodologia para apuração do custo operacional total proposta por Matsunaga *et al.* (1976) compreende os custos efetivamente desembolsados pelo agricultor para produzir, tais como: aquisição de insumos, mão de obra, máquinas/equipamentos (inclusive depreciação), encargos financeiros e outros.

O somatório dos custos fixos e variáveis associados diretamente à produção agropecuária resulta no custo operacional total, diferenciando-se do custo total por não contemplar a remuneração esperada sobre o capital empregado na atividade econômica como recursos financeiros e o imóvel rural.

c. Manutenção e conservação

Os custos necessários para manter em plenas condições de uso as máquinas, equipamentos e instalações agrícolas, sejam estas relacionadas à manutenção preventiva ou manutenção corretiva, são registradas contabilmente como despesas variáveis do processo de produção e, segundo dados da Companhia Nacional de Abastecimento (Conab) (2010), essas despesas variam entre 6 e 7% do valor de aquisição de um novo equipamento.

Os gastos referentes às manutenções preventivas das máquinas, equipamentos e instalações devem ser realizados periodicamente em intervalos previamente programados de acordo com as especificações dos fabricantes, de forma a garantir o funcionamento normal dos equipamentos durante sua vida útil de uso, como, por exemplo, troca de óleos e filtros de máquinas e implementos agropecuários, substituições de pneus, correias etc.

Os gastos aplicados na manutenção corretiva são aqueles que visam restaurar os equipamentos às condições normais de uso depois da intercorrência de uma interrupção não programada ou falha de funcionamento que restrinja sua utilização. Esse tipo de gasto geralmente é mais oneroso em relação aos custos com a manutenção preventiva. Recomenda-se o acompanhamento constante dos gastos com manutenção corretiva, pois tal indicador pode nortear o processo de aquisição para substituição do equipamento pelo elevado custo de manutenção corretiva perante o valor de um novo equipamento.

d. Depreciação

A depreciação representa o custo necessário para substituir os bens quando esses se tornam inúteis pelo desgaste físico ou obsoletismo, sendo o termo "depreciação" utilizado para estimar a perda de valor do bem com vida útil superior a um ciclo produtivo (LOPES; CARVALHO, 2002).

A depreciação de máquinas, equipamentos e instalações rurais pode ocorrer por vários motivos, dentre os quais se destacam:

- Desgaste natural: Perda das características fisicas pela ação das intempéries da natureza, em condições normais de utilização e manutenção.
- Desgaste pelo uso: Perda ou redução da capacidade funcional decorrente do uso das máquinas e equipamentos no decorrer de sua vida útil.
- Obsolecência: É o processo normal de superação tecnológica ou funcional que inviabiliza ou encarece demasiadamente a utilização de máquinas e equipamentos de tecnologia já ultrapassada.

Para a Conab (2010), a depreciação a ser aplicada nos custos da produção agrícola representa uma função linear da idade do bem, variando uniformemente ao longo da vida útil (anos e horas) e do valor residual (o valor do bem ao final de sua vida útil), conforme a seguinte fórmula:

$$D = \frac{(VN - VR)}{VU_H} * H_S T_R$$

Onde:

D = Depreciação;

VN = Valor do bem novo;

VR = Valor residual do bem após a depreciação total;

VU_H = Vida útil do bem definida em horas;

$H_S T_R$ = Total de horas trabalhadas por hectare pelo bem.

e. Custos de oportunidade ou alternativos

Os custos de oportunidade são definidos pelas oportunidades que serão deixadas de lado, caso a empresa (ou o indivíduo) não faça o melhor investimento entre as alternativas disponíveis (LOOTTY; SHAPIRO, 2002). O custo de oportunidade ou alternativo nas análises econômicas de investimento na área agrícola deve-se pautar pela relação entre as receitas aferidas com a atividade rural em comparação à taxa mínima de retorno do capital em outro investimento alternativo.

Os custos de oportunidade na produção agroecológica nem sempre são adequadamente analisados pelos produtores, pois estes têm uma clara prospecção para atuarem nas áreas de vocação produtiva na qual estão inseridos os programas de assistência rural promovidos pelos órgãos estatais ou paraestatais que lhes prestam assistência técnica. As entidades responsáveis pela assistência das comunidades rurais realizaram os estudos das alternativas produtivas voltadas para comunidade rural específica, de maneira a identificar as potencialidades e limitações técnicas, logísticas e organizacionais.

A Conab (2010) sugere o percentual de 6% ao ano como taxa de retorno mínimo de investimento, o que equivale à aplicação de recurso na caderneta de poupança.

f. Renda bruta

O conceito de renda bruta compreende o somatório de todos os recursos recebidos pelo grupo familiar por meio da produção e comercialização dos produtos agrícolas, levando-se em consideração os produtos consumidos pela família (ovos, leite, frutas, hortaliças etc.), bem como os subprodutos utilizados em outras atividades (camas, estercos, etc.). Para Alves, Souza e

Rocha (2012), a renda bruta deve ser minimamente capaz de remunerar todos os fatores de produção: terra, capital, trabalho, administração e custeio, isto é, a renda bruta deve ser maior ou igual ao custo total de produção.

A renda bruta é um indicador econômico importante para os agricultores aferirem nas atividades agrícolas periodicamente, pois esse indicador sofre variação direta em decorrência das alterações no preço de venda dos produtos, rendimento das culturas e da área produzida (BORBA; FERREIRA, 2019), que impactam nos valores arrecadados com a comercialização dos produtos.

Guanziroli e Vinchon (2019) identificaram que a renda bruta dos agricultores é impulsionada pela assistência técnica, participação em cooperativas rurais e anos de estudos do agricultor. Essa correlação demonstra que a transferência de tecnologias e conhecimento é fundamental para o desenvolvimento da agricultura em regime de economia familiar, proporcionando o aumento das receitas e da comercialização e posterior incremento do rateio dos lucros entre os membros do grupo familiar.

A renda bruta representa o valor monetário da transação comercial gerado a partir da venda dos produtos agrícolas, sendo representada segundo Almeida *et al.* (2018) por:

Renda bruta (R$) = Quantidade produzida x Preço comercial (R$)

g. Renda líquida

A renda líquida é o resultado da capacidade de gestão financeira do agricultor perante o mercado; para Alves (2019), a renda líquida mede a remuneração do empreendedor pelo risco que corre em administrar o estabelecimento após o pagamento de todos os fatores de produção.

Tal indicador econômico deve permanecer constantemente positivo, isto é, a receita líquida com as vendas dos produtos deve superar os custos totais da produção, sabendo-se que fatores externos aos produtores podem afetar negativamente a receita líquida, como seca, geada, inundação e pragas.

Os produtores rurais devem buscar elevar a renda líquida da sua atividade econômica por meio de práticas produtivas e gerenciais que otimizem os resultados financeiros via monitoramento e controle das análises dos indicadores econômicos associados à implementação de novas tecnologias produtivas. Segundo Guanziroli *et al.* (2001), com maior investimento em técnicas modernas, mas relativamente mais intensivas no uso da mão de obra, o agricultor familiar é capaz de maximizar a renda líquida, superando o custo de oportunidade por seu trabalho.

A renda líquida nas atividades agrícolas é obtida mediante aplicação da seguinte expressão (FERNANDES *et al.*, 2014):

$$RL\ (R\$) = RB - CT$$

Onde:

RL = Renda líquida;

RB = Renda bruta;

CT = Custo total.

h. Taxa de retorno

Nos projetos agrícolas, a taxa de retorno representa o percentual de ganho financeiro obtido pela comercialização de bens e serviços em relação aos custos totais do processo de produção, ante as outras opções de investimentos. Para a Conab (2010), a taxa de retorno mínima convencionada para os agricultores familiares deve ser de 6% ao ano, a título comparativo com alternativas de investimento.

Para Silva (2016), a taxa de retorno representa a relação de quantos reais são obtidos de retorno para cada real aplicado no projeto agrícola, sendo obtida pela seguinte expressão:

$$TR = RB/CT$$

Onde:

TR – Taxa de retorno;

RB - Renda bruta;

CT - Custos totais.

A taxa de retorno representa um indicador econômico para avaliação de retorno econômico dos projetos da agricultura familiar, pois por esse instrumento é possível aferir os ganhos após cada ciclo produtivo. As taxas de retorno devem ser analisadas separadamente, de acordo com as culturas, variedades e o manejo agrícola no processo produtivo, de modo a alicerçar a decisão da gestão nos ciclos de produção subsequentes.

A taxa de retorno de cultivos de hortaliças varia em função da realidade de cada propriedade, da variedade e manejo. Pesquisas recentes verificaram a viabilidade do cultivo de hortaliças por meio do cálculo da taxa de retorno e índice de lucratividade (Tabela 2).

Tabela 2 – Indicadores econômicos na produção de hortaliças baseados na taxa de retorno (TR) e índice de lucratividade (IL)

Sistemas consorciados e solteiros	TR	IL (%)
Coentro – Verdão	2,15	52,86
Coentro – Português	1,82	43,84
Cenoura – Brasília	1,96	47,78
Cenoura – Esplanada	2,00	48,92
Rúcula – Cultivada	2,03	50,37
Cenoura – Folha larga	1,93	46,33
Feijão-caupi-hortaliça - BRS Tumucumaque	2,07	47,13
Feijão-caupi-hortaliça - BRS Cauamé	1,71	38,38
Feijão-caupi-hortaliça - BRS Guariba	2,14	47,40
Feijão-caupi-hortaliça - BRS Itaim	1,60	32,85
Beterraba - Early Wonder	2,07	48,12
Beterraba – Fortuna	1,70	34,67
Feijão-caupi-hortaliça - BRS Tumucumaque consorciada com rabanete	2,67	60,95
Feijão-caupi-hortaliça - BRS Cauamé consorciada com rabanete	2,49	58,19
Feijão-caupi-hortaliça - BRS Guariba consorciada com rabanete	2,49	58,71
Feijão-caupi-hortaliça - BRS Itaim consorciada com rabanete	2,16	48,85
Rabanete - Crimsom Gigante consorciada com feijão-caupi-hortaliça	2,46	58,12
Rabanete - Zapp consorciada com feijão-caupi-hortaliça	2,43	55,23
Beterraba consorciada com feijão-caupi-hortaliça	1,62	37,65
Beterraba consorciada com alface	2,75	-
Beterraba consorciada com rúcula	4,24	77,02
Alface consorciada com rabanete	2,43	60,27
Feijão-caupi imaturo	1,29	19,90
Cenoura consorciada com rúcula	1,84	52,77
Feijão-caupi-hortaliça	1,65	38,70
Beterraba consorciada com o caupi-hortaliça	1,69	39,66
Rabanete consorciada com alface	2,43	6,27
Cenoura consorciada com feijão-caupi	1,49	32,73
Coentro	2,79	63,54

Sistemas consorciados e solteiros	TR	IL (%)
Cenoura consorciada com feijão-caupi	1,90	44,62
Gergelim	2,49	61,05
Rabanete consorciada com rúcula	2,20	56,37

Fonte: informações compiladas pelos autores deste capítulo, tendo como referências SILVA *et al.* (2017), RIBEIRO *et al.* (2018), AZEVEDO (2018), SOUSA (2017), GUERRA (2021b), LINO (2021), DESRAVINES *et al.* (2022), BATISTA *et al.* (2016), VIEIRA *et al.* (2018), MORAES *et al.* (2019), LINO *et al.* (2023), CHAVES *et al.* (2022), FERREIRA *et al.* (2022), SILVA *et al.* (2021), AZEVEDO *et al.* (2021) e GUERRA *et al.* (2021).

i. Índice de lucratividade

A rentabilidade das atividades econômicas dos agricultores familiares do semiárido pode ser medida pelo índice de lucratividade, o qual representa percentualmente o ganho aferido em relação à receita obtida na atividade agroecológica. Corroborando esse entendimento, Silva e Gazolla (2016) afirmaram que a lucratividade é o indicador que representa o ganho obtido por determinado trabalho executado ou produto vendido.

O primeiro passo para identificação do índice de lucratividade nas atividades econômicas rurais é obter o valor líquido das vendas, subtraindo todos os custos e despesas da produção agrícola.

Para Balestrin, Frandaloso e Bertoglio (2020), a renda líquida e o índice de lucratividade são obtidos pela seguinte expressão:

Renda líquida (R$) = Renda bruta – Custos totais

Índice de Lucratividade (%) = (Renda líquida / Renda bruta) x 100

Recomenda-se que os produtores rurais façam as análises financeiras de lucratividade por produtos, isoladamente, para melhor gerir as finanças e, com isso, direcionar esforços para tomadas de decisão, como, por exemplo: quanto reduzir custos de produção para aumentar a rentabilidade de determinado produto que apresente baixa lucratividade perante outras opções produtivas. A análise de lucratividade é um importante mecanismo para aferir o comportamento dos produtos ante alternativas variadas de investimento, de acordo com Padoveze (2010).

j. Vantagem monetária

Os produtores rurais, periodicamente, ao final dos ciclos de produção e comercialização, devem aferir os ganhos com sua atividade econômica por meio da correlação entre a renda bruta e líquida obtida na produção com índice de Uso Eficiente da Terra (UET), para mensurar a vantagem monetária das culturas consorciadas, subsidiando os produtores agroecológicos na tomada de decisão para o ciclo produtivo seguinte, em vista da maximização da vantagem econômica. Quanto maior a vantagem econômica da atividade, maior será a parcela monetária a ser rateada entre os membros que compõem a agricultura em regime familiar.

O primeiro passo para obtermos o indicador de vantagem monetária (VM) é calcularmos o índice de Uso Eficiente da Terra (UET), que, em linhas gerais, representa o rendimento dos sistemas consorciado e solteiro de cada cultura. Segundo Willey (1979), esse índice é obtido pela seguinte expressão:

$$UET = (Yab/Yaa) + (Yba/Ybb)$$

Onde:

UET – Índice de uso eficiente da Terra;

Yab – Representa a produtividade da cultura "a" em consórcio com a cultura "b";

Yaa – Representa a produtividade da cultura "a" em monocultivo;

Yba – Representa a produtividade da cultura "b" em consórcio com a cultura "a";

Ybb – Representa a produtividade da cultura "b" em monocultivo.

Após alcançado o Índice de Uso Eficiente da Terra (UET), calcula-se a vantagem monetária (VM) e a vantagem monetária corrigida (VMc), as quais, segundo Beltrão *et al.* (1984), são obtidas pelas seguintes expressões:

$$VM = RB \times (UET - 1)/UET$$

$$VMc = RL \times (UET - 1)/UET$$

Onde:

VM – Vantagem monetária;

RB – Renda bruta;

UET – Índice de Uso Eficiente da Terra;

VMc – Vantagem monetária corrigida;

RL – Renda líquida.

Para análise de viabilidade econômica de sistemas consorciados de produção agroecológica do semiárido brasileiro, propõe-se a estrutura básica de levantamento e apuração dos dados voltados para os agricultores (Tabela 3).

Tabela 3 – Modelo de cálculo de custos variáveis e fixos de produção por hectare de um produto específico

COMPONENTES	Un.	Qte.	Preço (R$)		% sobre CT
			Un.	TOTAL	
A-CUSTOS VARIÁVEIS (CV)				0,00	
A.1 Insumos				**0,00**	**0,00**
Sementes/mudas etc.	Kg/Un.	Xx	Xx	0,00	
Substrato/adubos	Kg	Xx	Xx	0,00	
Bobina de plástico	M	Xx	Xx	0,00	
A.2 Mão de obra				**0,00**	**0,00**
A.2.1 Custos com adubo verde				**0,00**	
Corte (ha^{-1})	d/h	Xx	Xx	0,00	
Transporte	Frete	xx	Xx	0,00	
Trituração	d/H	xx	Xx	0,00	
Lona para secagem	M	xx	Xx	0,00	
Secagem	d/H	xx	Xx	0,00	
Sacos de ráfia	Un.	xx	Xx	0,00	
Ensacamento	d/H	xx	Xx	0,00	
A.2.2 Custos serviços em geral				**0,00**	
Trator	h/T	xx	Xx	0,00	
Limpeza do terreno	h/T	xx	Xx	0,00	
Aração	h/T	xx	Xx	0,00	
Gradagem	h/T	xx	Xx	0,00	
Confecção de canteiros	h/T	xx	Xx	0,00	
Distribuição e incorporação do adubo	d/H	xx	Xx	0,00	
Plantio	d/H	xx	Xx	0,00	
Desbaste	d/H	xx	Xx	0,00	

COMPONENTES	Un.	Qte.	Preço (R$) Un.	Preço (R$) TOTAL	% sobre CT
Capina manual	d/H	xx	Xx	0,00	
Colheita	d/H	xx	Xx	0,00	
Embalagens	Un.	xx	Xx	0,00	
Transporte	d/H	xx	Xx	0,00	
A.3 Energia elétrica					**0,00**
Uso da forrageira	kWh	xx	Xx		
Bombeamento de água de irrigação	kWh	xx	Xx		
Outras máquinas de processamento	kWh	xx	Xx		
A.4 Outras despesas					**0,00**
1% sobre (A.1), (A.2) e (A.3)	%	0,00	0,00		
A.5 Manutenção e conservação					0,00
1% a.a. sobre valor das construções (galpão e poço)	%	0,00	0,00	0,00	
5% a.a. sobre valor de máquina forrageira	%	0,00	0,00	0,00	
7% a.a. sobre valor do sistema de Irrigação	%	0,00	0,00	0,00	
B. CUSTOS FIXOS (CF)				**0,00**	**0,00**
B.1 Depreciação				**0,00**	
	Vida útil (mês)	**Valor (R$)**	**Meses**	**Depreciação**	
Forrageira	120	0,00	0	0,00	
Bomba submersa	60	0,00	0	0,00	
Tubos PVC 2°	120	0,00	0	0,00	
Poço artesiano	600	0,00	0	0,00	
Microaspesores	60	0,00	0	0,00	
Coneções	60	0,00	0	0,00	
Galpão	600	0,00	0	0,00	
B.2 Impostos e taxas				**0,00**	
Imposto territorial rural	Hectare	1,00	0	0,00	

COMPONENTES	Un.	Qte.	Preço (R$)		% sobre CT
			Un.	TOTAL	
B.3 Mão de obra				**0,00**	
Aux. Administrativo	SALÁRIO	0,00	0	0,00	
C. Custos operacionais totais (COT)				**0,00**	
C.1 (A) e (B)				**0,00**	
D. Custos de oportunidade (CO)				**0,00**	0,00
D.1. Remuneração da terra				**0,00**	
Arrendamento	Hectare	0,00	3	0,00	
D.2. Remuneração do capital minímo de (6% a.a.)				**0,00**	
Infra-estrutura, máquinas eEquipamentos	%	0,00	0	0,00	
E. CUSTOS TOTAIS (CT)				**0,00**	100,00
E.1 CV e CF e COT				**0,00**	

Un. - Unidade; Qte. - Quantidade; Kg - Quilo; m - metro; d/H - dia/homem; h/T - hora/trator e kWh - Quilowatt- hora.
Fonte: adaptado de Costa (2019)

7.3 CONSIDERAÇÕES FINAIS

A utilização dos indicadores econômicos pelos agricultores, independentemente da escala de produção e manejo da cultura escolhida, é importante para avaliação da viabilidade da produção, devendo esse procedimento ser utilizado juntamente com outros métodos e indicadores de eficiência da produção e, em especial, os indicadores ambientais, sociais e culturais.

Com isso ratificamos que, se a análise e o controle dos indicadores econômicos da produção agrícola estiverem assegurados, a sustentabilidade financeira rural e o desenvolvimento socioeconômico do grupo familiar estarão garantidos.

7.4 REFERÊNCIAS

ALMEIDA, V.; ALVES JÚNIOR, J.; MESQUITA, M.; EVANGELISTA, A. W. P. Comparação da viabilidade econômica da agricultura irrigada por pivô central em sistemas de plantios convencional e direto com soja, milho e tomate industrial. *Global Science and Technology*, v.11, n. 2, p. 256-273, 2018.

ALVES, E. Quem ganhou e quem perdeu com a modernização da agricultura brasileira. *Revista de Economia e Sociologia Rural*, v. 39, n. 3, p. 9-40, 2019.

ALVES, E.; SOUZA, G. S.; ROCHA, D. P. Lucratividade da agricultura. *Revista de Política Agrícola*, v. 21, n. 2, p. 45-63, 2012.

AZEVEDO, I. B. S. *Associações de cultivares de caupi-hortaliça com cultivares de rabanete adubadas com flor-de-seda*. 2018. 74f. Dissertação (Mestrado em Fitotecnia) – Universidade Federal Rural do Semi-Árido, Mossoró, RN, 2018.

AZEVEDO, I. B. S.; BEZERRA NETO, F.; LIMA, J. S. S.; CHAVES, A. P.; SILVA, J. N.; BARROS JÚNIOR, A. P.; NUNES, R. L. C. Agro-economic efficiency of immature cowpea-radish intercropping systems in semiarid environment. *Pesquisa Agropecuária Brasileira*, v. 56, e01666, 2021.

BALESTRIN, J. T.; FRANDALOSO, D.; BERTOGLIO, O. Análise de desempenho financeiro e econômico de uma unidade de produção agropecuária familiar: produção de leite e soja. *Brazilian Journal of Development*, v. 6, n. 10, p. 79931-79938, 2020.

BATISTA, T. M. V.; BEZERRA NETO, F.; PORTO, V. C. N.; BARROS JÚNIOR, A. P.; SILVA, I. M.; SILVA, M. L.; LIMA, J. S. S.; OLIVEIRA, E. Q. Bio-agro-economic returns from carrot and salad rocket as intercrops using hairy woodrose as green manure in a semi-arid region of Brazil. *Ecological Indicators*, v. 67, p. 458-465, 2016.

BELTRÃO, N. E. M.; NÓBREGA, L. B.; AZEVÊDO, D. M. P.; VIEIRA, D. J. *Comparação entre indicadores agroeconômicos de avaliação de agroecossistemas consorciados e solteiros envolvendo algodão upland e feijão "caupi"*. Campina Grande, PB: CNPA, 1984. 21 p. (Boletim de Pesquisa, 15).

BORBA, M. M.; FERREIRA, M. D. P. Variação da renda dos agricultores familiares e a competição por área agrícola no contexto do PNPB na Bahia e no Ceará. *Revista Econômica do Nordeste*, v. 50, n. 2, p. 163-181, 2019.

CHAVES, A. P.; BEZERRA NETO, F.; LIMA, J. S. S.; SILVA, J. N.; SANTOS, E. C.; NUNES, R. L. C.; LINO, V. A. S. Bio-agroeconomic returns in beet-cowpea intercropping by optimization of population densities and spatial arrangements. *Acta Scientiarum-Agronomy*, v. 44, p. e55146, 2022.

CONAB - COMPANHIA NACIONAL DE ABASTECIMENTO. *Custos de produção agrícola: a metodologia da Conab*. Brasília: Conab, 2010. 60 p.

DESRAVINES, R. P.; BEZERRA NETO, F.; LIMA, J. S. S.; SANTOS, E. C.; GUERRA, N. M.; LINO, V. A. S. Optimized production of immature cowpea under green manuring in a semi-arid environment. *Revista Caatinga*, v. 35, n. 3, p. 606-617, 2022.

FERNANDES, C. N. V.; AZEVEDO, B. M.; NASCIMENTO NETO, J. R.; VIANA, T. V. A.; MESQUITA, J. B. R.; SARAIVA, K. R. Frequências de fertirrigação nitrogenada e fosfatada na rentabilidade econômica da melancia. *Revista Brasileira de Agricultura Irrigada*, v. 8, n. 3, p. 270-279, 2014.

FERREIRA, R. C.; BEZERRA NETO, F.; LIMA, J. S. S.; SANTOS, E. C.; GUERRA, N. M.; FREITAS, I. A. S. Biomass use of *Merremia aegyptia* and *Calotropis procera* in coriander cultivation in semiarid environment. *Revista Caatinga*, v. 35, n. 3, p. 595-605, 2022.

GUANZIROLI, C. E; ROMEIRO, A.; BUAINAIN, A. M.; SABATTO, A.; BITTENCOURT, G. *Agricultura familiar e reforma agrária no século XXI*. Rio de Janeiro: Editora Garamond, 2001. 288p.

GUANZIROLI, C. E.; VINCHON, K. Agricultura familiar nas regiões serrana, norte e noroeste fluminense: determinantes do processo de geração de renda. *Revista de Economia e Sociologia Rural*, v. 57, n. 3, p. 353-367, 2019.

GUERRA, N. M.; BEZERRA NETO, F.; LIMA, J. S. S.; SANTOS, E. C.; NUNES, R. L. C.; PORTO, V. C. N.; QUEIROGA, R. C. F.; LINO, V. A. S.; SÁ, J. M. Productive and agro-economic benefits in beet-lettuce intercropping under organic manuring and population densities. *Research Society and Development*, v. 10, p. e10510413883, 2021.

GUIDUCCI, R. C. N.; ALVES, E. R. A.; LIMA FILHO, J. R.; MOTA, M. M. *Aspectos metodológicos da análise de viabilidade econômica de sistemas de produção*. Brasília, DF: Embrapa, 2012. 116p.

LINO, F. K. K. S.; BEZERRA NETO, F.; SANTOS, E. C.; LIMA, J. S. S.; CHAVES, A. P.; RODRIGUES, G. S. O.; GUERRA, N. M.; SILVA, I. N.; LINO, V. A. S. Maximizing agro-bioeconomic benefits in intercropped systems of radish and lettuce in the semi-arid environment. *Revista Brasileira de Engenharia Agrícola e Ambiental*, v. 27, n. 2, p. 121-131, 2023.

LINO, V. A. S. *Desempenho bioeconômico de densidades populacionais de rúcula em bicultivo consorciada com beterraba sob adubação orgânica*. 2021. 112f. Tese (Doutorado em Fitotecnia) – Universidade Federal Rural do Semi-Árido, Mossoró, RN, 2021.

LOOTTY, M.; SZAPIRO, M. Economia de escala e escopo. *In:* KUPFER, D.; HASENCLEVER, L. *Economia industrial.* Rio de Janeiro: Campus, 2002. p. 43-70.

LOPES, M. A.; CARVALHO, F. M. *Custo de produção do gado de corte.* Lavras, MG: Ufla, 2002. 47 p. (Boletim Agropecuário, 47).

LOURENZANI, W. L.; PINTO, L. B.; CARVALHO, E. C. A.; CARMO, S. M. A qualificação em gestão da agricultura familiar: a experiência da Alta Paulista. *Revista Ciência em Extensão,* v. 4, n.1, p. 62-76, 2008.

MARION, J. C. *Contabilidade rural - contabilidade agrícola, contabilidade da pecuária e imposto de renda - Pessoa juridica.* 14. ed. São Paulo: Atlas, 2014. 296p.

MARTINS, E. *Contabilidade de custos.* 4. ed. São Paulo: Atlas, 1990. 262p.

MATSUNAGA, M.; BEMELMANS, P. F.; TOLEDO, P. E. N.; DULLEY, R. D.; OKAWA, H.; PEDROSO, I. A. Metodologia de custo utilizada pelo IEA. *Agricultura em São Paulo,* v. 23, n. 1, p. 123-139, 1976.

MORAES, E. C.; LIMA, J. S. S.; BEZERRA NETO, F.; LINHARES, P. C. A.; COSTA, A. P.; CRISPIM, J. F.; ANDRADE, L. I. F.; RODRIGUES, G. S. O. Effects of different roostertree (*Calotropis procera*) amounts and spatial arrangements on the performance of the beet-cowpea intercropping system. *Australian Journal of Crop Science,* v. 13, n. 4, p. 486-493, 2019.

NUNES, R. L. C. *Eficiência agroeconômica em sistemas de produção de hortaliças e grãos em ambiente semiárido.* 2019. 187f. Tese (Doutorado em Fitotecnia) – Universidade Federal Rural do Semi-Árido, Mossoró, RN, 2019.

PADOVEZE, C. L. *Contabilidade gerencial*: um enfoque em sistema de informação contábil. 7. ed. São Paulo: Atlas, 2010. v. 1, p. 648.

PIOVESANI, V.; BORTOLUZZI, S. C.; SILVA, M. R. Avaliação de desempenho em uma propriedade rural de pequeno porte do extremo oeste de Santa Catarina. *Reuna,* v. 20, n. 3, p. 109-128, 2015.

PIRES, E.; KRAUZE, C. Análise econômica da produção de Pitaya na agricultura familiar do sul de Santa Catarina. *Metodologias e Aprendizado,* v. 2, p. 181-189, 2020.

REZENDE, B. L. A. *Consórcios de pepino e alface em cultivo protegido*: viabilidade agroeconômica. 2008. 177f. Tese (Doutorado em Agronomia Produção Vegetal) – Universidade Estadual Paulista, São Paulo, 2008.

RIBEIRO, J. R. S. *Viabilidade agroeconômica de associações de cultivares de caupi-hortaliça com cultivares de beterraba adubadas com flor-de-seda*. 2018. 83f. Dissertação (Mestrado em Fitotecnia) – Universidade Federal Rural do Semi-Árido, Mossoró, RN, 2018.

SABBAG, O. J.; COSTA, S. M. A. L. Análise de custos da produção de leite: aplicação do método de Monte Carlo. *Extensão Rural*, v. 22, n. 1, p. 125-145, 2015.

SILVA, J. N. *Avaliação de combinações de cultivares de coentro e rúcula em bicultivo consorciadas com cultivares de cenoura*. 2016. 74 f. Dissertação (Mestrado em Agricultura Tropical) – Universidade Federal Rural do Semi-Árido, Mossoró, RN, 2016.

SILVA, J. N.; BEZERRA NETO, F.; LIMA, J. S. S.; CHAVES, A. P.; NUNES, R. L. C.; RODRIGUES, G. S. O.; LINO, V. A. S.; SÁ, J. M.; SANTOS, E. C. Sustainability of carrot-cowpea intercropping systems through optimization of green manuring and spatial arrangements. *Ciência Rural*, v. 51, n.1, p. 1-13, 2021.

SILVA, J. N.; BEZERRA NETO, F.; LIMA, J. S. S.; RODRIGUES, G. S. O.; BARROS JÚNIOR, A. P.; CHAVES, A. P. Combinations of coriander and salad rocket cultivars in bicropping systems intercropped with carrot cultivars. *Revista Caatinga*, v. 30, n.1, p. 125-135, 2017.

SILVA, V. B.; GAZOLLA, E. C. S. Apuração do custo da atividade produtiva e análise da lucratividade em uma pequena propriedade rural no Rio Grande do Sul. *Custos e agronegócio on-line*, v. 12, n. 4, p. 196-221, 2016.

SOUSA, D. M. *Eficiência agroeconômica da associação beterraba x caupi-hortaliça sob quantidades de jitirana incorporadas ao solo*. 2017. 67f. Dissertação (Mestrado em Fitotecnia) – Universidade Federal Rural do Semi-Árido, Mossoró, RN, 2017.

VIEIRA, F. A.; BEZERRA NETO, F.; SILVA, M. L.; LIMA, J. S. S.; BARROS JÚNIOR, A. P.; SILVA, I. N. Technical-economic efficiency of the yield of green grains of cowpea fertilized with roostertree. *Revista Caatinga*, v. 31, n. 2, p. 504-510, 2018.

WILLEY, R. W. Intercropping - Its Importance and research Needs. Part 1. Competition and Yield Advantages. *Field Crop Abstracts*, v. 32, p. 1-10, 1979.

CAPÍTULO 8

MELHORIA DE ATRIBUTOS FÍSICO-QUÍMICOS E SAÚDE DO SOLO POR MEIO DA ADUBAÇÃO VERDE

Jailma Suerda Silva de Lima
Gardênia Silvana de Oliveira Rodrigues
Eulene Francisco da Silva
Márcia Michelle de Queiroz Ambrósio

8.1 CONSIDERAÇÕES INICIAIS

A necessidade de aumentar a produtividade das culturas, melhorar a qualidade de seu produto e reduzir os custos de produção torna necessária a busca por alternativas viáveis com intuito de uma agricultura mais sustentável. O uso de adubação verde no bioma Caatinga tem se destacado como uma das práticas de manejo utilizadas no cultivo orgânico de hortaliças no semiárido nordestino (LINO *et al.*, 2021; DESRAVINES *et al.*, 2022). A adubação verde é uma técnica de manejo do solo que proporciona diversos benefícios aos agroecossistemas, melhorando a qualidade química, física e biológica do solo, permitindo-lhe prestar diversos serviços ecossistêmicos (DEUS *et al.*, 2022).

Os microrganismos habitantes do solo regulam o ciclo de nutrientes, promovem o crescimento das plantas, controlam pragas e patógenos e aliviam o estresse abiótico que beneficia a produção agrícola (BEGUM *et al.*, 2019; GOSWAMI; DEKA, 2020). Assim, nutrientes, como N, P e K, e recursos energéticos podem ser liberados diretamente do adubo verde para o solo por meio da decomposição microbiana e posteriormente utilizados por microrganismos e plantas (ABLIMIT *et al.*, 2022). Portanto, o adubo verde tem grande potencial para aumentar o rendimento das culturas, saúde do solo e a sustentabilidade agrícola. Além disso, a adubação verde pode fortalecer ainda mais as funções do solo e as interações entre redes de elementos bióticos (reduzindo organismos patogênicos às culturas e aumentando comunidades de microrganismos no solo) e fatores abióticos (melhorando atributos físicos e químicos do solo), fornecendo ciclos de *feedback* positivo sobre a matéria orgânica do solo e consequentemente acréscimo de Carbono no solo. Assim, o objetivo deste capítulo é reportar como a adubação verde pode atuar na melhoria de atributos químicos e físicos e biológicos do solo, demonstrando como ela pode ser uma alternativa viável e promissora para o semiárido.

8.2 REDUÇÃO DA COMPACTAÇÃO DO SOLO

Um dos fatores que levam às perdas de produtividade na agricultura é a compactação do solo. Esse fenômeno foi se tornando gradativamente mais recorrente, com o passar dos anos, principalmente com a intensificação do uso das máquinas agrícolas.

A compactação do solo é verificada quando ocorre uma compressão em uma condição não saturada, que expulsa o ar do espaço poroso, reduzindo o volume de poros e aumentando a sua densidade (GUPTA *et al.*, 1989). Essa compressão é resultante de uma ação antrópica, em que há aplicação de pressão por meios mecânicos reduzindo o espaço poroso do solo. A redução natural do espaço poroso pelo rearranjo de suas partículas, que, consequentemente, leva ao aumento da densidade de camadas ou horizontes do solo, é chamada de adensamento do solo, conforme Curi (1993). O termo "adensamento" não é utilizado apenas quando há redução de volume resultante de um processo pedogenético, mas também quando há expulsão de água do espaço poroso provocado por uma compressão do solo (DIAS JÚNIOR, 2000). Tanto a compactação como o adensamento podem afetar a dinâmica da água (SILVA *et al.*, 1992), a dinâmica de solutos (LANDINA; KLEVENSK, 1984), a distribuição do sistema radicular (ALVARENGA *et al.*, 1996) e a porosidade total.

A compactação do solo pode ocorrer devido a causas naturais ou intervenção do homem. Quando um solo se torna mais compactado, suas propriedades e características físicas e químicas se alteram. Os principais fatores envolvidos na ocorrência da compactação do solo são: tráfego intenso de máquinas; preparo de solo com umidade inadequada; histórico da área (compactação subsuperficial) e mobilização desnecessária do solo. Na agricultura, as principais consequências de um solo compactado são sentidas no crescimento das raízes das plantas, pois existe a redução no armazenamento de água e oxigênio no solo. Nos solos compactados, há diminuição da porosidade, da disponibilidade de água e da difusão de gases, parâmetros que têm relações fundamentais com o desenvolvimento das raízes.

A compactação pode ocorrer no solo em duas principais formas: superficial e subsuperficial. A primeira é causada principalmente pela pressão em área com o tráfego de máquinas e animais, e a segunda (popularmente conhecida como "pé-de-grade" ou "pé-de-arado") é atribuída a pressão localizada de implementos agrícolas. A compactação do solo é causada pela movimentação de máquinas, tratores e implementos agrícolas durante o preparo do solo, semeadura, tratos culturais, colheita e transporte, podendo ocasionar demora na emergência das plantas, plantas mais baixas que o normal, folhas com coloração não característica, sistema radicular superficial, raízes malformadas, aumento da resistência mecânica ao crescimento radicular, bem como redução na taxa de infiltração da água no solo, na macroporosidade, na aeração, na disponibilidade de água e nutrientes e, consequentemente, decréscimo na produtividade agrícola (PIFFER; BENEZ, 2005).

Dentre as propriedades físicas do solo, os macroporos exercem influência sobre o desenvolvimento das plantas. A redução dos macroporos do solo, devido à compactação causada pelo tráfego de máquinas e implementos agrícolas, ocasiona aumento na resistência mecânica do solo à penetração vertical das raízes da maioria das culturas e redução da infiltração de água no solo. Por outro lado, o adubo verde pode ser utilizado como medida biológica para amenizar os efeitos nocivos da compactação do solo, por reduzir a sua resistência à penetração (MINATEL *et al.*, 2006). Segundo Espíndola *et al.* (1997), o rompimento das camadas compactadas do solo pode ser realizado por meio do cultivo de plantas, utilizadas como adubo verde, que possuem sistema radicular desenvolvido. Analisando o uso de adubação verde nas propriedades do solo, Kenjaev e Davronova (2023) observaram que a porcentagem de macroagregados na camada condutora antes da primeira irrigação aumentou em 13,0-13,45% em relação ao controle e de 16,55 a 17,4% antes da última irrigação. Como resultado, o volume de massa do solo foi reduzido de 0,03-0,05 g/cm^3 para 0,02-0,04 g/cm^3, reduzindo a compactação.

O sistema radicular desenvolvido provoca desarranjos no solo ao penetrar nas camadas compactadas e, ao sofrer decomposição, deixa canais que contribuem para a infiltração de água e difusão de gases, melhorando a qualidade física do solo (FOLONI *et al.*, 2006). Segundo Roth *et al.* (1992), o crescimento radicular pode também incrementar a matéria orgânica ao longo do perfil do solo, a qual promove a estabilização dos agregados, reduzindo a susceptibilidade do solo à compactação. Assim, a utilização de plantas descompactadoras favorece o aumento da macro, micro e porosidade total, reduzindo, com isso, a densidade do solo (SANTOS *et al.*, 2008).

Usando ervilhaca (*Vicia sativa* L.) como adubo verde, Wiesmeier *et al.* (2015) observaram acúmulo de carbono orgânico do solo, sendo este associado a uma melhoria da estrutura do solo, indicada por uma diminuição distinta da densidade aparente e um aumento relativo de macroagregados em detrimento de microagregados e torrões. Como resultado, os rendimentos das culturas principais subsequentes aumentaram em cerca de 20%. Os autores indicaram a ervilhaca peluda (*Vicia villosa* Roth.) como cultura de cobertura promissora para remediar solos de estepe degradados, controlar a erosão do solo e sequestrar quantidades substanciais de carbono atmosférico em solos aráveis.

8.3 CICLAGEM DE NUTRIENTES

O adubo verde é um importante fertilizante orgânico que inclui vários nutrientes (por exemplo, nitrogênio), mantendo a fertilidade agrícola, além de aumentar o conteúdo de matéria orgânica (MENG *et al.*, 2019, ZHOU *et al.*, 2020). Wang *et al.* (2022) observaram que o cultivo de rotação combinado de adubo verde e batata alcançou maior rendimento da tuberosa, mantendo maior fertilidade do solo e ecossistema saudável. A incorporação de adubo verde nos solos aumenta muito a fertilidade e a qualidade do solo, especialmente para matéria orgânica (MO), nitrogênio (N) e potássio (K), mantendo um ecossistema saudável (JAYARAMAN *et al.*, 2021).

Ablimit *et al.* (2022) observaram que a aplicação de adubo verde aumentou acentuadamente o pH do solo, o teor de nutrientes e a atividade enzimática, e como efeito adicional reduziu a abundância relativa de potenciais patógenos de plantas em comparação com a monocultura, o que poderia garantir um rendimento de milho alto e estável em culturas de longo prazo. Além disso, a aplicação de adubação verde aumentou os benefícios econômicos em 56,39% em relação à monocultura, devido aos produtos adicionais (erva fresca e feijão) produzidos pela adubação verde.

A incorporação de biomassa de adubo verde ao solo em sistemas de cultivo intensivo à base de cereais auxilia no acúmulo de matéria orgânica, adição e reciclagem de nutrientes e melhoria das propriedades hidrofísicas do solo. Com sua relação C/N menor que a dos cereais, promovem uma mineralização mais rápida do nitrogênio (ANSARI *et al.*, 2022). Neste contexto, o cultivo de leguminosas herbáceas torna possível a disponibilização de N aos agroecossistemas pelo processo de fixação biológica, o que reduz ou elimina a necessidade de aplicação de fertilizantes minerais nitrogenados. Elevadas quantidades de N são acumuladas na parte aérea de leguminosas, o que se reflete em maiores teores desse nutriente no solo, quando os resíduos vegetais são incorporados ou deixados em cobertura na superfície do terreno.

Outro efeito benéfico trazido por essa prática relaciona-se à reciclagem de nutrientes. Parte dos nutrientes acumulados nas leguminosas é provavelmente absorvida pelas raízes desses adubos verdes em camadas profundas do solo, sofrendo posterior liberação com a decomposição dos resíduos após o corte. Esse processo de reciclagem de nutrientes é favorecido pela escolha de leguminosas com maior potencial de penetração de suas raízes no solo. Além do fornecimento de nitrogênio fixado biologicamente e da reciclagem de nutrientes, a adição dos resíduos vegetais de leguminosas herbáceas e outros adubos verdes ao solo aumenta a disponibilidade de nutrientes por outros mecanismos.

Adubos verdes leguminosos, como ervilhaca peluda, ervilhaca comum (*Vicia sativa* L.) e ervilhaca de leite (*Astragalus sinicus* L.), podem fixar N do ar por nódulos e ativar componentes potenciais de nutrientes no solo. Leguminosas aumentam eficientemente o teor de N no solo e substituem parte da aplicação de fertilizantes nitrogenados quando são rotacionadas com outras culturas de cereais (TIEMANN *et al.*, 2015).

A decomposição dos resíduos vegetais de adubos verdes permite ainda a liberação de compostos orgânicos que afetam a mobilidade de nutrientes ao longo do perfil do solo. Verificou-se, por exemplo, que os resíduos de aveia preta (*Avena strigosa*), manejados em solos que receberam calagem, transportam cálcio (Ca) para a subsuperfície, ao passo que os resíduos de nabo forrageiro (*Raphanus sativus*) associam a capacidade de mobilização de Ca com a de imobilização do alumínio (Al) (VILAR, 2022). Deng *et al.* (2018) compararam os atributos físicos e químicos do solo e a produtividade de uma sucessão de culturas antes e após o plantio da adubação verde e os resultados mostraram que a disponibilidade de K aumentou em 17,99% e a de MO em 25,45%. O volume do solo e a densidade diminuíram 22,55% e o pH permaneceu o mesmo.

8.4 CONTROLE DE NEMATOIDES

Os nematoides são vermes, em sua maioria, de tamanho microscópico e corpo filiforme, que podem causar danos em animais e plantas. Geralmente, vivem em ambientes com umidade, pois tal característica garante a sobrevivência dos mesmos. Alguns se alimentam de fungos e bactérias, enquanto os fitonematoides (nematoides parasitas de plantas) sobrevivem em raízes, rizomas, tubérculos, podendo ainda parasitar órgãos aéreos das plantas. São classificados como parasitas obrigatórios, ou seja, não sobrevivem sem o hospedeiro vivo. Os nematoides causam prejuízos estimados em R$ 35 bilhões por ano para o agronegócio brasileiro. Na cultura da soja estima-se que R$ 16,2 milhões da produção são perdidos devido ao ataque desses patógenos (MAIS SOJA, 2022).

A prevenção da entrada de nematoides nos campos agrícolas está entre as medidas mais importantes em relação aos nematoides que parasitam plantas, de forma que, após a identificação da ocorrência desses patógenos, a erradicação é praticamente impossível.

Existem algumas alternativas fundamentais para se evitar a entrada de nematoides em área agrícola. A primeira delas é a limpeza de implementos agrícolas que, ao entrarem em contato com o solo contaminado, acabam disseminando-os para áreas ainda não infestadas. A água da chuva e irrigação também possibilitam a deslocação de nematoides para locais isentos, seja pelo escoamento superficial ou pela aspersão, quando os pontos de captação de água estão infestados.

Algumas plantas utilizadas na adubação verde podem ser antagonistas aos nematoides, ou seja, não multiplicam o patógeno. Além disso, outras possuem efeito alelopático e contribuem para o aumento da diversidade microbiana do solo, como bactérias e fungos nematófagos, contribuindo para a redução de diferentes espécies (NASCIMENTO; FERREIRA; LOPES, 2019).

As leguminosas herbáceas empregadas como adubos verdes têm apresentado efeitos positivos no controle de doenças radiculares. Entre os fitopatógenos que podem ser controlados pelos adubos verdes, merecem destaque os nematoides. Pesquisas comprovaram a eficiência de leguminosas do gênero Crotalaria no controle de *Meloidogyne spp* (ORLANDI *et al.*, 2022). Resultados têm evidenciado que o consórcio entre quiabo (*Abelmoschus esculentus*) e *Crotalaria juncea* foi capaz de reduzir a incidência de nematoides, em comparação com o monocultivo. No entanto, deve-se estar atento para o fato de que outras leguminosas como o labe-labe (Lablab purpureum), podem funcionar como multiplicadoras das populações de nematoides do solo (ESPÍNDOLA *et al.*, 2005).

O conteúdo de metabólitos nematicidas como saponinas, flavonoides e taninos na sulla (*Hedysarum coronarium* L.) sugere seu potencial na atividade como nematicida. D'Addabbo *et al.* (2022) observaram que a incorporação do solo com biomassa sulla reduziu significativamente a densidade de *M. incógnita* tanto nas raízes de tomate quanto no solo, em comparação com o controle não tratado e o tratamento químico com Fluopyram, sugerindo sua adequação como adubo verde ou corretivo do solo para o manejo sustentável do nematoide das galhas.

Estudando o efeito da incorporação de adubação verde na população de nematoides e no crescimento de plantas de arroz infestado com o nematoide das galhas, Sowmya *et al.* (2021) observaram que o cultivo de *C. juncea* como uma cultura de adubo verde para semeadura direta ou consórcio, ou como correção orgânica do solo, pode reduzir ou mesmo eliminar nematoides parasitas de plantas e nematoides das galhas da raiz do arroz. Hossain *et al.* (2019) observaram correlações negativas entre a incidência de galhas e a altura da planta e comprimento da raiz da juta, revelando que a adubação verde índigo foi eficaz em aumentar o crescimento da juta por suprimir a atividade do nematoide.

8.5 REDUÇÃO DE PRAGAS AGRÍCOLAS E DOENÇAS

A busca de organismos de controle biológico e de mecanismos de controle natural de pragas e doenças tem sido um dos focos da pesquisa agropecuária. Os sistemas orgânicos de produção agropecuária trazem muitos efeitos benéficos, entre eles o uso da adubação verde, que pode contribuir para o controle de pragas, doenças, nematoides e plantas invasoras, reduzindo as aplicações de inseticidas, fungicidas e herbicidas (HAMMES, 2012). De acordo com Chaves (2001), a adubação verde promove uma nutrição mais equilibrada, levando a planta a ser menos sujeita a ataques de doenças.

Com relação às pragas, analisando a lagarta do cartucho (*Spodoptera frugiperda*), Wu *et al.* (2022) observaram que, apesar de as larvas alimentadas com os adubos verdes, *Vicia villosa* Roth e *Vicia sativa* L., terem completado o desenvolvimento, o tempo de geração foi significativamente prolongado com a produção de ovos caindo pela metade e a taxa reprodutiva líquida diminuindo para 31% e 3% daquelas criadas com milho, respectivamente, recomendando esses adubos verdes como manejo ecológico para o milho.

A adubação verde também pode reduzir consideravelmente a pressão de patógenos no solo, e consequentemente a severidade de doenças em diferentes culturas. Com essa adubação, quantidades significativas de nutrientes e metabólitos secundários são adicionados ao solo, o que estimula a atividade microbiana, e consequentemente o controle de doenças causadas por patógenos habitantes do solo. Por exemplo, Moura *et al.* (2022), quando avaliaram a incorporação de materiais vegetais (parte aérea de repolho e mandioca) ao solo, associados à cobertura morta de polietileno e produtos comerciais à base de microrganismos, na sobrevivência do fungo *Macrophomina phaseolina*, e no crescimento de meloeiro (*Cucumis melo* L.), verificaram que os tratamentos com incorporação de repolho e mandioca, e aplicação de produtos alternativos ao químico, proporcionaram menor sobrevivência de *M. phaseolina* no solo, e maior crescimento do meloeiro, sendo uma alternativa promissora para reduzir a sobrevivência desse fungo em campos de produção de melão.

Com relação às doenças, Gandariasbeitia *et al.* (2019) observaram que biodesinfestação de inverno com adubo verde fresco de *Brassica* é uma estratégia de manejo promissora para o controle da podridão radicular causada por *Phytophthora* em cultivos protegidos de pimentão em regiões de clima temperado úmido como o norte da Espanha. Chatterjee *et al.* (2021) relataram que a adubação verde com a cultura *Sesbania* de 45 dias mostrou redução na infestação de dobra-folha, broca-do-colmo, podridão-da-bainha, queima-da-bainha, carvão falso, mancha-parda e queima-da-folha bacteriana do arroz em comparação com o controle.

É crescente em todo o mundo o uso de microrganismos na agricultura, com diversos objetivos, tais como controle de patógenos e pragas, promoção de crescimento em plantas, fixação biológica de nitrogênio, solubilização de fósforo, degradação de herbicidas, entre outros. Na região semiárida do Brasil o uso dessa tecnologia vem aumentando consideravelmente para produção de diferentes culturas, por meio da utilização de insumos biológicos comprados de empresas, como também a multiplicação desses microrganismos na própria fazenda, produção "on farm". Entretanto, essa técnica torna-se mais efetiva quando é utilizada a incorporação de matéria orgânica, entre elas a adubação verde, que favorece o desenvolvimento dos microrganismos no solo, entre estes os que estão sendo adicionados ao solo.

Os produtores utilizam os microrganismos na sua área, muitas vezes por meio da fertirrigação, e complementam a técnica com adubos orgânicos, entre estes os adubos vegetais, que favorecem a diversidade e quantidade dos microrganismos no solo, conforme mostra a Figura 1.

Figura 1 – Multiplicação de produto biológico comercial para utilização em campo (A); Placa de Petri contendo bactérias isoladas de produto multiplicado (B); Pesquisa de incorporação ao solo de espécies espontâneas para produção de hortaliças (C)

Fonte: Ambrósio *et al.* (2019)

Segundo Borges *et al.* (2023), a incorporação de *Pennisetum glaucum* (milheto), juntamente com o uso de mulch de polietileno e produtos alternativos ao químico (Compost-Aid® e Soil-Set®); aumenta a população total de fungos em 183%, bactérias totais em 55%, bactérias esporulantes em 21% e actinomicetos em 146%, em relação ao tratamento controle. Os produtos comerciais Compost-Aid® e Soil-Set® possuem em sua composição os microrganismos *Lactobacillus plantarum, Bacillus subtilis* e *Enterococcus faecium*, e seus metabólitos, respectivamente.

Também Batista *et al.*, (2016) relatam que plantas da vegetação espontânea do bioma Caatinga têm sido usadas como adubo verde nos sistemas de produção de hortaliças na região Nordeste do Brasil com o intuito de aumentar a produtividade das oleráceas e a microbiota do solo. Entre as espécies estudadas, o mata-pasto (*Senna uniflora* L.) se diferenciou das demais espécies no aumento das unidades formadoras de colônias (UFCs) de bactérias e fungos no solo. O aumento no número de UFCs dos microrganismos analisados foi registrado com as quantidades crescentes de biomassa dos adubos incorporados.

O manejo de patógenos habitantes do solo com material vegetal também pode ser realizado com plantio direto, conforme relatam Nascimento *et al.* (2018). Nesse trabalho os pesquisadores demonstraram que a incidência de podridão radicular causada por diferentes patógenos habitantes do solo, no meloeiro, foi menor nos tratamentos utilizando o plantio direto com crotalária, milheto e vegetação espontânea. Os resultados sugerem que o sistema de plantio direto tem potencial para controlar a incidência de podridão radicular do melão, mas é necessário realizar a rotação de culturas entre os ciclos de plantio.

Outra pesquisa que mostra a importância do uso de adubos verdes no controle de patógenos que causam podridão no sistema radicular de plantas, é a de Ambrósio *et al.* (2016). Neste trabalho os autores afirmam que a crotalária quando incorporada ao solo, esterilizado ou não, causa menor incidência e severidade da podridão radicular do meloeiro em relação aos demais tratamentos. A incorporação de adubos verdes (crotalária, milheto e feijão de porco + milheto) propiciou menor incidência e severidade da referida doença, quando comparada ao solo sem adubo verde. Além disso, a incorporação de crotalária e feijão de porco + milheto ao solo proporcionou maiores massas de matéria fresca e seca do meloeiro.

A incorporação de material vegetal ao solo também pode ser utilizada associada a técnica de solarização do solo. Essa associação, além de promover o controle de patógenos que não são controlados pela solarização quando aplicada isoladamente, também pode reduzir o tempo de solarização para o controle de diferentes patógenos habitantes do solo. Isso foi constatado por Ambrósio *et al.* (2009), quando verificaram o efeito da associação de parte aérea de brócolis, eucalipto, mandioca-brava e mamona na sobrevivência dos patógenos habitantes do solo, *M. phaseolina*, *Rhizoctonia solani* e *Sclerotium rolfsii*.

A incorporação de adubos verdes tem grande relevância também no manejo de fitonematoide, pois alguns materiais vegetais aumentam a atividade dos microrganismos antagônicos aos nematoides, principalmente fungos e bactérias. Esta prática tem aumentado consideravelmente nos últimos anos, no entanto é muito importante que o produtor verifique se o adubo verde é, ou não, hospedeiro do nematoide presente na área. Assim, é de suma importância conhecer os adubos verdes hospedeiros dos principais nematoides nas culturas que estão sendo produzidas.

Por exemplo, para *Pratylenchus brachyurus*, nematoide que causa lesões radiculares em diferentes espécies de plantas no Brasil, Machado *et al.* (2007) verificaram que, entre 11 adubos verdes testados, pelo menos dois, *Crotalaria. spectabilis* e *Crotalaria. breviflora*, podem ser úteis como culturas de rotação para reduzir as densidades populacionais de *P. brachyurus*. No entanto, todas as cultivares de mucuna e *Crotalaria. juncea* devem ser evitadas em áreas infestadas, pois são bons hospedeiros.

8.6 PROTEÇÃO DO SOLO CONTRA EROSÃO

A adoção de práticas sustentáveis como a implantação de adubos verdes proporciona manutenção e melhorias nas propriedades físicas, químicas e biológicas do solo, tanto pela proteção da superfície quanto pelo aporte de biomassa proveniente da parte aérea e raízes (LIMA FILHO *et al.*, 2023). De acordo com Sagrilo *et al.* (2009), o uso de adubos verdes melhora a estrutura do solo, facilitando a infiltração e retenção de água e nutrientes, protegendo o solo contra a erosão e a perda da camada superficial mais fértil. Segundo Ferreira *et al.* (2012), a adubação verde exerce importância na melhoria da textura e estrutura do solo, contribuindo expressivamente para a melhoria das propriedades físicas, químicas e biológicas e conservação do solo.

As principais culturas utilizadas como adubo verde no semiárido são mucuna-preta, feijão-de-porco, flor-de-seda, jitirana, mata-pasto, sabiá, entre outras (GUERRA *et al.*, 2022; LINO *et al.*, 2021; BATISTA *et al.*, 2016). Segundo Rebello e Sakamoto (2021), é preciso saber a origem climática e geográfica da planta e seus aspectos fisiológicos, para que a planta seja adaptada e não se desequilibre com as condições climáticas da região.

De forma geral, a região do semiárido é caracterizada por altas temperaturas e precipitações pluviométricas irregulares e solos de baixa fertilidade natural conforme demonstrou-se no Capítulo 3. O uso de adubação verde promove bons efeitos de cobertura e proteção do solo, além da produção de biomassa e contribuição para a ciclagem de nutrientes e boa estruturação física, aumentando a porosidade e descompactação do solo em regiões semiáridas (SILVA *et al.*, 2020). Almeida *et al.* (2015) observaram melhor aproveitamento dos recursos ambientais pelas plantas de alface e rúcula, proporcionadas pelas quantidades de flor-de-seda estudadas, aumentando a oferta de nutrientes ao solo e, consequentemente, reduzindo os riscos de erosão.

8.7 AUMENTO DA POPULAÇÃO MICROBIOLÓGICA DOS SOLOS

A adubação verde pode estimular a ação dos microrganismos do solo, melhorando a qualidade e a conservação do solo. De acordo com Hasegawa *et al.* (2000), a dinâmica do N durante e após a incorporação do adubo verde é afetada pelos processos biológicos do solo e pela planta, principalmente a mineralização, a imobilização e a absorção vegetal.

Machado *et al.* (2012) afirmam que as atividades microbianas influenciam diretamente os atributos químicos, físicos e biológicos do solo, sendo a matéria orgânica e o manejo do solo importantes fatores que atuam na decomposição, imobilização e transformação dos ciclos dos elementos biogeoquímicos. Por sua vez, Batista *et al.* (2013), observando o crescimento dos microrganismos no solo, verificaram que o mesmo não foi influenciado pelas espécies estudadas. No entanto, observaram um aumento no número de unidades formadoras de colônias de microrganismos com as doses de adubos verdes aplicadas.

Estudos sobre o aumento da população microbiológica dos solos com uso de adubos verdes no semiárido são incipientes. No entanto, alguns trabalhos têm sido realizados. Oliveira *et al.* (2017) realizaram experimentos em condições semiáridas, com a cultura da beterraba e rúcula consorciadas e verificaram um incremento no número de unidades formadoras de colônias de fungos e bactérias à medida que a quantidade de flor-de-seda é aumentada, sugerindo que o aumento expressivo nas unidades, tanto de bactérias como de fungos, ocorreu em função da aplicação de resíduos orgânicos no solo que proporcionaram estímulos para o desenvolvimento de microrganismos. Batista *et al.* (2013) observaram aumento no número de unidades formadoras de colônia de actinomicetos, de fungos e de bactérias com as doses de espécies espontâneas (jitirana, mata-pasto e flor-de-seda) incorporadas ao solo.

8.8 AUXÍLIO NA ABSORÇÃO DE FÓSFORO NOS SOLOS

Os solos do semiárido brasileiro apresentam, em geral, baixos conteúdos de matéria orgânica e baixos teores de P (fósforo) disponível para as plantas em razão das características climáticas desta região (OUERIEMMI *et al.*, 2021), uma vez que a adsorção de fósforo é mais pronunciada em solos ácidos, o que não é o caso da maioria dos solos do semiárido (ver Capítulo 3).

Na literatura é relativamente pequeno o número de trabalhos realizados com o objetivo de avaliar a liberação de P dos resíduos culturais dos adubos verdes. Aos 29 dias, a porcentagem de P liberado aumentou para 59% para a ervilhaca comum e para 27% para a aveia preta. Esses resultados confirmam aqueles obtidos por Da Ros (1993), que avaliou a liberação de P por diversas plantas de cobertura e verificou que 64% do P da ervilhaca comum e 33% do P da aveia preta foram liberados nos primeiros 30 dias depois do manejo das plantas.

Essa rápida liberação de P no período inicial da decomposição está relacionada com a perda do P solúvel em água (BUCHANAN; KING, 1993). A maior parte do P do tecido vegetal encontra-se no vacúolo da célula, na forma mineral (Pi), bastante solúvel em água (MARSCHNER, 1995). Para que o nutriente possa ser liberado dos resíduos culturais, o vacúolo deve ser rompido. As maiores taxas de liberação de P na ervilhaca comum solteira indicam que a espécie deve apresentar maiores concentrações de Pi do que a aveia preta e o nabo forrageiro.

Uma característica diferencial do P no solo é sua interação com micorrizas arbusculares. Esse fenômeno também pode ser empregado para promover maior crescimento de plantas de adubos verdes, até mesmo em ambientes onde os teores de metais pesados possam provocar toxidez em plantas comerciais. Nesse caso, Ferreira *et al.* (2018) avaliaram a inoculação com Rhizophagues clarus na presença de P e como as plantas de mucuna (*Mucuna cinereum*) reagiriam num solo contaminado com alto teor de Cu. Os autores afirmam que os resultados sugerem um efeito sinérgico entre a aplicação de P e a inoculação com micorriza, pois isso favoreceu o crescimento das plantas de mucuna. Isso também foi observado por Ferreira *et al.* (2015) no cultivo de crotalaria-juncea, pois houve um aumento nos níveis de P, K, Mg, Fe, Zn e clorofila, além de parâmetros de fluorescência, quando doses de P foram combinadas com micorrizas.

A utilização da adubação verde é uma importante prática, não só para a conservação do solo, mas também por contribuir com a nutrição das plantas que se beneficiam dela. As leguminosas (ou *Fabaceae*) destacam-se por formarem associações simbióticas com bactérias fixadoras de N_2, resultando aporte de quantidades expressivas de nutriente ao sistema solo-planta (PERIN *et al.*, 2003). Conforme afirma Faria (2003), as leguminosas apresentam grande produção de biomassa e reciclam grandes quantidades de nutrientes do sistema solo/planta.

Os adubos verdes também podem aumentar a disponibilidade de P em duas circunstâncias: 1) durante seu crescimento, em razão da modificação das propriedades do solo e da mobilização do P; e 2) depois de sua decomposição, quando o P orgânico do adubo verde torna-se mais acessível para a cultura sucessora. Estudos realizados por Latanze (2010) com o uso do radioisótopo ^{32}P mostraram que há diferença entre as espécies de adubos verdes quanto à eficiência em absorver as formas de P menos disponíveis para as plantas, com destaque para o tremoço.

Indicaram também que o aproveitamento de P do superfosfato triplo pela cana-de-açúcar e pelo arroz é maior do que o do P proveniente de adubos verdes, e que a aplicação conjunta de adubo verde e superfosfato triplo favorece o aproveitamento de P pela cultura. Os ácidos orgânicos de baixo peso molecular liberados pelos adubos verdes e por plantas de cobertura por meio de exsudatos radiculares, antes e durante sua decomposição, tais como os ácidos cítrico, málico e t-aconítico, podem competir pelos sítios de adsorção com o P, o que deixa o nutriente mais disponível na solução do solo para a absorção pelas plantas (Meurer, 2004). Além de absorver P, a raiz pode mudar os ambientes químico e bioquímico da rizosfera e aumentar sua disponibilidade no solo para que seja absorvido pelas plantas. Neste sentido, alguns estudos demonstraram a capacidade de ácidos orgânicos (oxálico, malônico e piscídico) exsudados pelas raízes de guandu em deslocar o P associado ao Fe e ao Al do solo (OTANI *et al.*, 1996). Constatou-se também que a ocorrência de fungos e de bactérias solubilizadoras de fosfato foi favorecida em solo sob plantio direto quando o guandu foi utilizado como planta de cobertura (CARNEIRO *et al.*, 2004).

Desravines *et al.* (2022) constataram que, ao utilizar jitirana e flor-de-seda como adubos verdes em ambiente semiárido, as quantidades de macronutrientes contidas nos adubos testados supriram de maneira equilibrada as necessidades nutricionais das plantas feijão-caupi. Valadares *et al.* (2012), avaliando os efeitos da utilização de adubos verdes quanto ao aporte de nutrientes ao solo para a produção do milho, observaram influência nas características químicas do solo com as espécies e manejos de adubos verdes e constataram maiores valores de nutrientes e de matéria orgânica nos sistemas de cultivo mínimo comparado com o cultivo convencional, com destaque para o fósforo disponível e o potássio trocável.

8.9 REDUÇÃO DA INFESTAÇÃO E CONTROLE DE PLANTAS DANINHAS

Uma das características das plantas utilizadas para adubação verde é o potencial inibidor de plantas daninhas. Isso ocorre pelo poder supressor (competição por água e nutrientes, especialmente), pelo controle físico e até pela liberação de compostos que prejudicam o estabelecimento de outras plantas.

Cantanhede *et al.* (2018), avaliando a capacidade de competição com plantas daninhas de adubos verdes (mucuna-preta, mucuna-anã, feijão--de-porco e calogopônio), observaram que, aos 15 dias após a emergência da mucuna-anã e mucuna-preta, essas plantas já haviam coberto 52,83 e 44,33% do solo, respectivamente, e, aos 60 dias após a emergência, o feijão--de-porco também já cobria mais de 90% do solo, mostrando a eficiência de tais plantas para cobertura do mesmo e a consequente supressão de plantas espontâneas.

Os efeitos de alguns adubos verdes sobre as plantas invasoras estão associados à liberação de substâncias alelopáticas durante a decomposição dos resíduos vegetais ou à maior eficiência na competição com invasoras por recursos como água, luz e nutrientes (VILAR, 2022).

8.10 CONSIDERAÇÕES FINAIS

Diante do exposto, recomenda-se a adubação verde como alternativa viável e promissora para o semiárido, devido a seu desempenho não apenas na melhoria da saúde e da fertilidade do solo, mas também no controle das pragas e doenças da agricultura, reduzindo a erosão, suprimindo ervas daninhas e oferecendo habitat para organismos benéficos. Assim, o uso de adubação verde em sistema de cultivo sustentável é sinérgico para aumentar o rendimento, reduzir custos e garantir lucratividade para agricultores do semiárido nordestino brasileiro.

8.11 REFERÊNCIAS

ABLIMIT, R.; LI, W.; ZHANG, J.; GAO, H.; ZHAO, Y.; CHENG, M.; MENG, X.; AN, L.; CHEN, Y. Altering microbial community for improving soil properties and agricultural sustainability during a 10-year maize-green manure intercropping in Northwest China. *Journal of Environmental Management*, v. 321, 115859, 2022.

ALMEIDA, A. E. S.; BEZERRA NETO, F., COSTA, L. R.; SILVA, M. L.; LIMA, J. S. S.; BARROS JÚNIOR, A. P. Eficiência agronômica do consórcio alface-rúcula fertilizado com flor-de-seda. *Revista Caatinga*, v. 28, n. 3, p. 79-85, 2015.

ALVARENGA, R. C.; COSTA, L. M.; MOURA FILHO, W.; REGAZZI, A. J. Crescimento de raízes de leguminosas em camadas de solo compactadas artificialmente. *Revista Brasileira de Ciência do Solo*, v. 20, n. 1, p. 319-326, 1996.

AMBRÓSIO, M. M. Q.; ARAÚJO, M. B. M.; NOGUEIRA, G. A.; NASCIMENTO, L. V. Pesquisa em Biologia do Solo. *Boletim informativo SBCS*, Cruz das Almas, n. 1, p. 51-53, 2019.

AMBROSIO, M. M. Q.; BUENO, C, J.; PADOVANI, C. R.; SOUZA, N. L. Sobrevivência de fungos fitopatogênicos habitantes do solo, em microcosmo, simulando solarização com prévia incorporação de materiais orgânicos. *Summa Phytopathologica*, v. 35, n.1, p. 20-25, 2009.

AMBRÓSIO, M. M. Q.; CRUZ, B. L. S.; DANTAS, A. M. M.; PORTO, M. A. F.; NASCIMENTO, S. R. C.; NUNES, G. H. S. Efeito de adubos verdes sobre a podridão radicular de Fusarium em meloeiro (Cucumis melo L.). *Revista de Ciências Agrárias Amazonian Journal of Agricultural and Environmental Sciences*, v. 59, n. 1, p. 39-46, 2016.

ANSARI, M. A.; CHOUDHURY, B. U.; LAYEK, J.; DAS, A.; LAL, R.; MISHRA, V. K. Green manuring and crop residue management: Effect on soil organic carbon stock, aggregation, and system productivity in the foothills of Eastern Himalaya (India). *Soil and Tillage Research*, v. 218, 105318, 2022.

BATISTA, M. A. V.; BEZERRA NETO, F.; AMBROSIO, M. M. Q.; GUIMARÃES, L. M. S.; SARAIVA, J. P. B.; SILVA, M. L. Atributos microbiológicos do solo e produtividade de rabanete influenciados pelo uso de espécies espontâneas. *Horticultura Brasileira*, v. 31, n. 4, p. 587-594, 2013.

BATISTA, M. A. V.; BEZERRA NETO, F.; SILVA, M. L.; AMBRÓSIO, M. M. Q.; CUNHA, J. L. X. L. Atributos de solo-planta e de produção de beterraba influenciados pela adubação com espécies da Caatinga. *Horticultura Brasileira*, v. 34, n. 1, p. 12-19, 2016.

BEGUM, N.; QIN, C.; AHANGER, M. A.; RAZA, J.; KHAN, M. I.; ASHRAF, M.; AHMED, N.; ZHANG, L. Role of arbuscular mycorrhizal fungi in plant growth regulation: implications in abiotic stress tolerance. *Front Plant Science*, v. 10, p. 1-15, 2019.

BORGES, D. F.; NOGUEIRA, G. A.; CRUZ, G. A.; SILVA, S. G. A.; SILVA, W. L.; AMBRÓSIO, M. M. Q. Changes on soil microbiota induced by the use of commercial products and the incorporation of plant materials. *Revista Caatinga*, v. 36, n. 2, p. 300-309, 2023.

BUCHANAN, M.; KING, L. Carbon and phosphorus losses from decomposing crop residues in no till and conventional till agroecosystems. *Agronomy Journal*, v. 85, n. 3, p. 631-638, 1993.

CANTANHEDE, J. D.; MARINHO, T. R. S.; ALVES, G. L.; JESUS, A. C.; SANTOS, R. F.; SILVA, M. R. M. Adubos verdes na supressão de plantas espontâneas. *Anais do VI CLAA*, X CBA e V SEMDF, v. 13, n. 1, p. 1-6, 2018.

CARNEIRO, R. G.; MENDES, I. C.; LOVATO, P. E.; CARVALHO, A. M.; VIVALDI, L. J. Indicadores biológicos associados ao ciclo do fósforo em solos de Cerrado sob plantio direto e plantio convencional. *Pesquisa Agropecuária Brasileira*, v. 39, n. 7, p. 661-669, 2004.

CHATTERJEE, S.; GANGOPADHYAY, C.; BANDYOPADHYAY, P.; BHOWMICK, M. K.; ROY, S. K.; MAJUMDER, A.; GATHALA, M. K.; TANWAR, R. K.; SINGH, S. P.; BIRAH, A.; CHATTOPADHYAY, C. Input-based assessment on integrated pest management for transplanted rice (*Oryza sativa*) in India. *Crop Protection*, v. 141, 105444, 2021.

CHAVES, J. C. D. Contribuições adicionais da adubação verde para a lavoura cafeeira. *In:* Simpósio Brasileiro de Pesquisa dos Cafés do Brasil (2.: 2001:Vitória, ES). *Anais*. Brasília, D.F.: Embrapa Café, 2001 (CD-ROM), p. 2440-2448.

CURI, N. *Vocabulário da ciência do solo*. Campinas, SP: SBCS, 1993. 89p.

DA ROS, C. O. *Plantas de inverno para cobertura do solo e fornecimento de nitrogênio ao milho em plantio direto*. 1993. 85 f. Dissertação (Mestrado em Agronomia) – Universidade Federal de Santa Maria, Santa Maria, RS, 1993.

D'ADDABBO, T.; TAVA, A.; ARGENTIERI, M. P.; BIAZZI, E.; CANDIDO, V.; AVATO, P. Nematicidal potential of sulla (*Hedysarum coronarium* L.) against the root-knot nematode meloidogyne incognita. *Plants*, v.11, n.19, 2550, 2022.

DENG, L. C.; LI, M.; FAN, L.; QU, L.; HUI, R. K. *Effects of green manure rape returned to the field on rice yield and soil fertility*. Beijing, China: China Academic Electronic Publishing House, 2018.

DESRAVINES, R. P.; BEZERRA NETO, F.; LIMA, J. S. S.; SANTOS, C. E.; GUERRA, N. M.; LINO, V. A. S. Optimized production of immature cowpea under green manuring in a semi-arid environment. *Revista Caatinga*, v. 35, n. 3, p. 606-617, 2022.

DEUS, T. R. V.; GIONGO, V.; SALVIANO, A. M.; SANTANA, M. S.; SILVA, V. C.; SANTOS, T. C. Selection of green manures to provide ecosystem services in a semi-arid environment. *Revista Brasileira de Ciências Ambientais*, v. 57, n. 3, p. 409-421, 2022.

DIAS JÚNIOR, M. S. Compactação do solo. *In:* NOVAIS, R. F.; ALVAREZ, V. V. H., SCHAEFER, C. E. G. R. (ed.). *Tópicos em ciência do solo*. Viçosa, MG: SBCS, 2000. v.1, p. 55-94.

ESPÍNDOLA, J. A. A.; GUERRA, J. G. M.; ALMEIDA, D. L. *Adubação verde*: estratégia para uma agricultura sustentável. Seropédica, RJ: Embrapa - Agrobiologia, 1997. 20p. (Embrapa-CNPAB. Documentos, 42).

ESPÍNDOLA, J. A. A.; GUERRA, J. G. M.; DE-POLLI, H.; DE ALMEIDA, D. L.; ABBOUD, A. C. S. *Efeitos da adubação verde nos agroecosistemas*. Brasília, DF: Embrapa, 2005.

FARIA, C. M. B. *Comportamento de leguminosas para adubação verde no Submédio São Francisco*. Petrolina, PE: Embrapa Semi-Árido, 2003. 22p. (Boletim de Pesquisa e Desenvolvimento, 63).

FERREIRA, L. E.; SOUZA, E. P.; CHAVES, A. F. Adubação verde e seu efeito sobre os atributos do solo. *Revista Verde*, v. 7, n. 1, p. 33-38, 2012.

FERREIRA, P. A. A.; CERETTA, C. A.; NICOLOSSO, F. T.; SORIANI, H. H.; TIECHER, T.; SOARES, C. R. F. S.; ROSSATO L. V.; NICOLOSO, F. T.; BRUNETTO, G.; PARANHOS, J. T.; CORNEJO, P. Rhizophagus clarus and phosphate alter the physiological responses of Crotalaria juncea cultivated in soil with a high Cu level. *Applied Soil Ecology*, v. 91, p. 37-47, 2015.

FERREIRA, P. A. A.; TIECHER, T.; TIECHER, T. L.; RANGEL, W. M.; SOARES, C. R. F. S.; DEUNER, S.; TAROUCO, C. P.; GIACHINI, A. J.; NICOLOSO, F. T.;

BRUNETTO, G. Effects of *Rhizophagus clarus* and P availability in the tolerance and physiological response of *Mucuna cinereum* to copper. *Plant Physiology and Biochemistry*, v. 122, p. 46-56, 2018.

FOLONI, J. S. S.; LIMA, S. L.; BULL, L. T. Crescimento aéreo e radicular da soja e de plantas de cobertura em camadas compactadas de solo. *Revista Brasileira de Ciência do Solo*, v. 30, n. 1, p. 49-57, 2006.

GANDARIASBEITIA, M.; OJINAGA, M.; ORBEGOZO, E.; ORTÍZ-BARREDO, A.; NÚÑEZ-ZOFÍO, M.; MENDARTE, S.; LARREGLA, S. A biodesinfestação de inverno com adubo verde de Brassica é uma estratégia de manejo promissora para o controle de Phytophthora capsici de cultivos protegidos de pimenta em regiões de clima temperado úmido do norte da Espanha. *Revista Espanhola de Pesquisa Agrícola*, v. 17, n. 1, p. 1-12, 2019.

GOSWAMI, M.; DEKA, S. Plant growth-promoting rhizobacteria–alleviators of abiotic stresses in soil: a review. *Pedosphere*, v. 30, n. 1, p. 40-61, 2020.

GUERRA, N. M.; BEZERRA NETO, F.; LIMA, J. S. S.; SANTOS, E. C.; NUNES, R. L. C.; PORTO, V. C. N.; QUEIROGA, R. C. F.; LINO, V. A. S.; SÁ, J. M. Agro--economic viability of lettuce-beet intercropping under green manuring in the semi-arid region. *Horticultura Brasileira*, v. 40, n. 1, p. 78-87, 2022.

GUPTA, S. C.; SHARMA, P. P.; DEFRANCHI, S. A. Compaction effects on soil structure. *Advances in Agronomy*, v. 42, p. 311-338, 1989.

HAMMES, V. S. *Agir: percepção da gestão ambiental*. 3. ed., rev. e ampl., Brasília, DF: Embrapa, 2012. 130p. (Educação Ambiental para o Desenvolvimento Sustentável, 5).

HASEGAWA, P. M.; BRESSAN, R. A.; ZHU, J.; BOHNERT, H. J. Plant cellular and molecular responses to high salinity. *Annual review of plant physiology and plant molecular biology*, v. 51, n. 1, p. 463-499, 2000.

HOSSAIN, A. K. M. M.; ZAFOR, A.; HAKIM, A.; ISLAM, J.; ALHARBY, H.; BAMAGOOS, A.; BARUTCULAR, C.; EL SABAG, A.; ISLAM, M. S. Nematicidal potential of indigo green manuring on the incidence of root-knot disease of jute caused by nematode (*Neloidogyne javanica*). *Fresenius Environmental Bulletin and Advances in Food Sciences*, v. 28, n. 12, p. 9293-9300, 2019.

JAYARAMAN, S.; DANG, Y. P.; NAOREM, A.; PAGE, K. L.; DALAL, R. C. Conservation agriculture as a system to enhance ecosystem services. *Agriculture*, v. 11, n. 8, p. 718, 2021.

KENJAEV, Y. U.; DAVRONOVA, F. P. Study on the effect of the green manure application on soil fertility. *IOP Conf. Series: Earth and Environmental Science*, v.1142, 012112, 2023.

LANDINA, M. M.; KLEVENSK, I. L. Effect of soil compaction and composition of soil air. *Soviet Soil Science*, v. 16, n. 3, p. 46-54, 1984.

LATANZE, F. M. *Eficiência de absorção de fósforo por diversas espécies de adubo verde e aproveitamento desse nutriente pelas culturas de cana-de-açúcar e de arroz*. 2010. 116 f. Tese (Doutorado em Ciências) – Escola Superior de Agricultura Luiz de Queiroz, Universidade de São Paulo, Piracicaba, 2010.

LIMA FILHO, O. F.; AMBROSANO, E. J.; ROSSI, F.; CARLOS, J. A. D. *Adubação verde e plantas de cobertura no Brasil*: fundamentos e prática. 2. ed. Brasília, DF: Embrapa, 2023. v. 2, 483p.

LINO, V. A. S.; BEZERRA NETO, F.; LIMA, J. S. S.; SANTOS, E. C.; NUNES, R. L. C.; GUERRA, N. M.; LINO, F. K. K. S.; SÁ, J. M.; SILVA, J. N. Beet-arugula intercropping under green manuring and planting density induce to agro-economic advantages. *Horticultura Brasileira*, v. 39, n. 4, p. 432-443, 2021.

MACHADO, A. C. Z.; MOTTA, L. C. C.; SIQUEIRA, K. M. S.; FERRAZ, L. C. C.; INOMOTO, M. M. Host status of green manures for two isolates of Pratylenchus brachyurus in Brazil. *Nematology*, v. 9, n. 6, p. 799-805, 2007.

MACHADO, D. M.; SCHOSSLER, T. R.; ZUFFO, A. M.; ANDRADE, F. R.; PIAUILINO, A. C. Atividades microbianas e as transformações no ciclo dos elementos no solo. *Enciclopédia Biosfera*, v. 8, n. 15, p. 180-195, 2012.

MAIS SOJA. *Nematoides podem causar prejuízos de R$ 35 bilhões por ano*: o produtor rural pode utilizar diferentes condutas para controle de nematoides. O importante é contribuir para não disseminar a praga. 2022. Disponível em: https://maissoja.com.br/nematoides-podem-causar-prejuizos-de-r-35-bilhoes-por-ano/. Acesso em: 25 fev. 2022.

MARSCHNER, H. Functions of mineral nutrients: macronutrients. *In: Marschner´s mineral nutrition of higher plants*. 2nd ed. San Diego: Academic, 1995. p. 229-312.

MEURER, E. J. *Fundamentos de química do solo*. 2. ed. Porto Alegre: Genesis, 2004. 174 p.

MENG, X.; LI, Y.; ZHANG, Y.; YAO, H. Green manure application improves rice growth and urea nitrogen use efficiency assessed using N–15 labeling. *Soil Science and Plant Nutrition*, v. 65, n. 5, p. 511-518, 2019.

MINATEL, A. L. G.; ANDRIOLI, I.; CENTURION, J. F.; NATALE, W. Efeitos da subsolagem e da adubação verde nas propriedades físicas do solo em pomar de citros. *Engenharia Agrícola*, v. 26, n. 1, p. 86-95, 2006.

MOURA, I. N.; SILVA, J. L. S.; PEREIRA, J. A. R.; SANTOS, A. S.; MELO, M. F.; FIGUEIREDO, F. R. A.; NUNES, G. H. S.; ARAÚJO, M. B. M.; AMBRÓSIO, M. M. Q. Influence of soil treatments on Macrophomina phaseolina survival and *Cucumis melo* growth. *Journal of Plant Pathology*, v. 104, n. 2, p. 769-774, 2022.

NASCIMENTO, D. D.; FERREIRA, J. C. A.; LOPES, A. P. M. *Adubação verde contra nematoides*. Uberlândia, MG: Campo e Negócios Grãos, 2019. p. 68-69.

NASCIMENTO, P. G. M. L.; AMBRÓSIO, M. M. Q.; FREITAS, F. C. L.; CRUZ, B. L. S.; DANTAS, A. M. M.; SALES JÚNIOR, R.; SILVA, W. L. Incidence of root rot of muskmelon in different soil management practices. *European Journal of Plant Pathology*, v. 152, p. 433-446, 2018.

OLIVEIRA, K. J. B.; LIMA, J. S. S.; AMBRÓSIO, M. M. Q.; BEZERRA NETO, F.; CHAVES, A. P. Propriedades nutricionais e microbiológicas do solo influenciadas pela adubação verde. *Revista de Ciências Agrárias*, v. 40, n. 1, p. 23-33, 2017.

ORLANDI, W. F. S.; SILVA, F. C. Variedades de cultivares utilizadas como adubo verde no cultivo do milho (*Zea mays* L): uma revisão integrativa da literatura. *Revista Nativa Americana de Ciências, Tecnologia e Inovação*, v. 3, n. 2, p. 1-7, 2022.

OTANI, T.; AE, N.; TANAKA, H. Phosphorus uptake mechanisms of crop growth in soils with low P status. *Soil Science and Plant Nutrition*, v. 42, n. 3, p. 553-560, 1996.

OUERIEMMI, H.; KIDD, P. S.; TRASAR-CEPEDA, C.; GARRIDO, B. R.; ZOGHLAMI, R. I.; ARDHAOUI, K.; PRIETO-FERNÁNDEZ, A.; MOUSSA, M. Evaluation of composted organic wastes and farmyard manure for improving fertility of poor sandy soils in arid regions. *Agriculture*, v.11, n. 5, p. 1-19, 2021.

PERIN, A.; GUERRA, J. G. M.; TEIXEIRA, M. G. Cobertura do solo e acumulação de nutrientes pelo amendoim forrageiro. *Pesquisa Agropecuária Brasileira*, v. 38, n. 7, p. 791-796, 2003.

PIFFER, C. R.; BENEZ, S. H. Desenvolvimento do sistema radicular de amaranto, milheto e pé de galinha em diferentes níveis de compactação. *Energia na Agricultura*, v. 20, p. 50-62, 2005.

REBELLO, J. F. D. S.; SAKAMOTO, D. G. *Agricultura sintrópica Segundo Ernst Götsch*. Pinheiros, SP: Reviver, 2021. v. 1, p 40-51.

ROTH, C. H.; CASTRO-FILHO, C.; MEDEIROS, G. B. Análise de fatores físicos e químicos relacionados com a agregação de um Latossolo Roxo distrófico. *Revista Brasileira de Ciência do Solo*, v.15, n. 3, p. 241-248, 1992.

SAGRILO, E.; LEITE, L. F. C.; GALVÃO, S. R. S.; LIMA, E. F. *Manejo agroecológico do solo*: os benefícios da adubação verde. Teresina, PI: Embrapa Meio-Norte, 2009. 24 p.

SANTOS, G. G.; SILVEIRA, P. M.; MARCHÃO, R. L.; BECQUER, T.; BALBINO, L. C. Macrofauna edáfica associada a plantas de cobertura em plantio direto em um Latossolo Vermelho do Cerrado. *Pesquisa Agropecuária Brasileira*, v. 43, n.1, p. 115-122, 2008.

SILVA, A. P.; LIBARDI, P. L.; CAMARGO, O. A. Influência da compactação nas características físicas de dois Latossolos. *Revista Brasileira de Ciência do Solo*, v.10, n. 1, p. 91-95, 1992.

SILVA, E. F.; FERREIRA, E. A.; SANTO, A. E.; VASCONCELOS, A. A.; SILVA, T. S.; SOUZA, C. M. M.; SANTOS, E. P. S.; LAVÔR, W. K. B.; RODRIGUES, L. L. L. S.; SILVA, E. V.; CARMO, M. G. P.; FREITAS, D. F. Manutenção da cobertura vegetal natural e/ou Adubação verde no semiárido: potencialidades, benefícios e decomposição de resíduos. *In:* OLIVEIRA, R. J. *Extensão rural em foco*: apoio à agricultura familiar, empreendedorismo e inovação. São Paulo: Editora Científica, 2020. v. 2, p. 102-112.

SOWMYA, R.; KUMAR H.; DEVARAJA, K. P.; KUMAR A.; GOWDA A. A. P.; PANKA, J. Influence of summer green manuring on soil nematode population under rice-wheat cropping system. *Indian Journal of Nematology*, v. 51, n. 1, p. 1-10, 2021.

TIEMANN, K.; GRANDY, A. S.; ATKINSON, E. E.; MARIN-SPIOTTA, E.; MCDANIEL, M. D. Crop rotational diversity enhances belowground communities and functions in an agroecosystem. *Ecology Letters*, v.18, n. 8, p. 761-771, 2015.

VALADARES, R. V.; DUARTE, R. F.; MENEZES, J. B. C.; FERNANDES, L. A.; TUFFI SANTOS, L. D.; SAMPAIO, R. A.; MOTA, T. C.; ALMEIDA, R. M. Fertilidade do solo e produtividade de milho em sistemas de adubação verde no norte de Minas Gerais. *Planta Daninha*, v. 30, n. 3, p. 505-516, 2012.

VILAR, D. *Efeitos da adubação verde nos agroecosistemas*: disponibilidade de nutrientes para as culturas. 2022. Disponível em: https://agriconline.com.br/portal/ artigos/efeitos-da-adubacao-verde-nos-agroecosistemas/240223. Acesso em: 13 nov. 2022.

WANG, X.; DUAN, Y.; ZHANG, J.; CIAMPITTI, I. A.; CUI, J.; QIU, S.; XU, X.; ZHAO, S.; HE, P. Response of potato yield, soil chemical and microbial properties to different rotation sequences of green manure-potato cropping in North China. *Soil and Tillage Research*, v. 217, p. 105273, 2022.

WIESMEIER, M.; LUNGU, M.; HUBNER, R.; CERBARI, V. Remediation of degraded arable steppe soils in Moldova using vetch as green manure. *Solid Earth*, v. 6, n. 2, p. 609-620, 2015.

WU, F.; ZHANG, L.; LIU, Y.; CHENG, Y.; SU, J.; SAPPINGTON, T. W.; JIANG, X. Population development, fecundity, and flight of *Spodoptera frugiperda* (Lepidoptera: Noctuidae) reared on three green manure crops: Implications for an ecologically based pest management approach in China. *Journal of Economic Entomology*, v. 115, n. 1, p. 124-132, 2022.

ZHOU, G.; GAO, S.; CHANG, D.; REES, R. M.; CAO, W. Using milk vetch (*Astragalus sinicus* L.) to promote rice straw decomposition by regulating enzyme activity and bacterial community. *Bioresource Technology*, v. 319, 124215, 2020.

Capítulo 9

USO DA ADUBAÇÃO VERDE NA QUALIDADE PÓS-COLHEITA DE CULTIVOS NO SEMIÁRIDO

Elizangela Cabral dos Santos
Francisco Bezerra Neto

9.1 INTRODUÇÃO

A crescente demanda de consumidores por qualidade e segurança alimentar tem aumentado a procura por alimentos saudáveis e livres de contaminação por produtos químicos, gerando assim a necessidade de adoção de técnicas alternativas de produção que visam minimizar ou eliminar o uso de adubos minerais e de agrotóxicos. A utilização de estercos é amplamente recomendada na produção de cultivos orgânicos, de forma a garantir melhor condicionamento do solo e oferta de nutrientes, especialmente N (ALMEIDA, 1991). No entanto, o uso de estercos pode gerar dependência de fontes externas às propriedades e aumentar o custo de produção.

Assim, uma alternativa à produção desses cultivos orgânicos pode ser feita com a utilização de insumos alternativos, como a adubação verde. Esta consiste na incorporação ao solo de massa vegetal não decomposta de plantas cultivadas no local ou provenientes de outros locais, com a finalidade de preservar e/ou restaurar a produtividade de terras agricultáveis, constituindo uma alternativa de redução de custos (COSTA, 1993). A incorporação ao solo de plantas com elevada produção de biomassa, rica em nutrientes, pode melhorá-lo física, química e biologicamente, além de proporcionar a conservação ou o aumento da fertilidade, como também proporcionar qualidade pós-colheita para os produtos das culturas (BATISTA, 2008).

Os produtos orgânicos vêm sendo considerados uma alternativa viável de produção de alimentos de qualidade, que contribuem para a preservação do meio ambiente e redução do uso de insumos químicos. Neste contexto, pesquisas relatam que o cultivo em sistema orgânico aumenta a qualidade nutricional dos alimentos, bem como, em alguns casos, prolonga seu armazenamento (RESENDE *et al.*, 2010).

Um atributo que vem sendo procurado pelos consumidores para os produtos agrícolas é a qualidade dos produtos oferecidos, em que cada vez mais se busca por alimentos livres de contaminantes e que, durante seu cultivo, agridam menos o meio ambiente e contenham maiores teores de nutrientes (ANDRADE; BERTOLDI, 2012).

As espécies utilizadas como adubo verde que proporcionam qualidade aos produtos agrícolas devem ser adaptadas às condições de clima e solo do local, além de apresentarem características desejáveis, tais como: rusticidade, crescimento inicial rápido, livres de "sementes duras" que dificultam a sua germinação, o sistema radicular bem desenvolvido, a elevada produção de fitomassa verde e a baixa suscetibilidade ao ataque de pragas e doenças.

O semiárido nordestino apresenta diversas plantas espontâneas com potencial para uso em adubação verde, entre elas a jitirana (*Merremia aegyptia* L.) (GÓES, 2007), o mata-pasto (*Senna uniflora* L.) e a flor-de-seda (*Calotropis procera* (Ait) (BARROS JÚNIOR *et al.*, 2010b). Elas têm oferecido produtos com qualidade pós-colheita quando em cultivo em ambiente semiárido (GUERRA *et al.*, 2022).

O adubo verde flor-de-seda resultou em uma melhor qualidade de coentro, quando comparado aos demais adubos verdes avaliados (BARROS JÚNIOR *et al.*, 2010b). Estudando o consórcio de beterraba com alface adubado com flor-de-seda e jitirana, Guerra *et al.* (2022) obtiveram bons índices de pós-colheita. Por sua vez, Barros Júnior *et al.* (2010a), avaliando a qualidade pós-colheita de alface em função de diferentes adubos verdes e quantidades aplicadas ao solo, constataram que o adubo verde jitirana resultou em uma melhor qualidade de alface.

9.2 ASPECTOS GERAIS DA QUALIDADE

O conceito de qualidade de hortaliças envolve vários atributos como aparência visual, firmeza, sabor, aroma, valor nutricional e segurança alimentar. A caracterização da composição química, como pH, sólidos solúveis e acidez titulável contribui para a avaliação dos atributos básicos de qualidade sensorial, ligados à sensação do sabor dos frutos. A qualidade pode ser definida como o conjunto de características que distinguem os componentes individuais de um mesmo produto e que têm significância na determinação do grau de aceitação desse produto. Portanto, devem-se considerar os atributos físicos, sensoriais e composição química. "Nos produtos hortícolas, essa qualidade pode ser expressa pela integridade, frescor, flavor e textura", características combinadas com outras propriedades físicas, químicas ou estéticas (CHITARRA; CHITARRA, 2005, p. 541). Apresentamos a seguir uma esquematização desses atributos.

Tabela 1 – Atributos de qualidade para frutos e hortaliças

ATRIBUTOS	COMPONENTES
Aparência	Tamanho, forma, cor, brilho, defeitos
Textura	Suculência, resistência
"Flavor"	Doçura, acidez, amargor
Valor Nutricional	Proteína, minerais e vitaminas

Fonte: adaptada de Chitarra e Chitarra (2005)

Figura 1 – Hortaliças produzidas sob adubação verde em Mossoró-RN, 2022

Fonte: Azevedo, Silva e Campos (2022)

A qualidade dos frutos é o resultado da somatória da ação de vários fatores, em especial do efeito individual e combinado dos nutrientes. O adequado atendimento das exigências nutricionais faz com que as plantas frutíferas possam expressar todo seu potencial genético, em parâmetros como cor, aroma, forma, tamanho, aparência, resistência à penetração, incidência de doenças, baixos níveis de desordens fisiológicas, características físico-químicas e maior vida útil da pós-colheita dos frutos. É necessário conhecer essas características de qualidade para, efetivamente, utilizar as fontes de adubos adequadas para cada cultura e, assim, obter seu melhor potencial.

9.2.1 Sólidos solúveis (SS), pH e Acidez (AT)

De acordo com Chitarra e Chitarra (2005), sólidos solúveis indicam a quantidade, em gramas, dos sólidos que se encontram dissolvidos no suco ou na polpa, e são medidos em °Brix, sendo utilizados como uma medida indireta do teor de açúcares (85% dos sólidos), e aumentam com a maturação por meio de processos sintéticos ou pela degradação de polissacarídeos. O pH (potencial hidrogeniônico) representa o inverso da concentração de íons de hidrogênio em um determinado material.

A acidez é atribuída principalmente aos ácidos orgânicos, dentre os quais estão o ácido cítrico (beterraba e hortaliças folhosas), o ácido málico (cenoura e alface), o ácido oxálico (espinafre) e o ácido piruvato (cebola e alho).

9.2.2 Textura

A textura é um importante fator de qualidade para frutos destinados ao consumo *in natura*, pois indica a tolerância do fruto ao transporte e ao manuseio durante a colheita e comercialização. Além disso, a firmeza é uma característica determinante na aquisição do produto pelo consumidor por estar associada à boa qualidade da culinária, frescor e extensão da vida de prateleira, sendo um dos principais atributos relacionados ao flavor. Nos frutos de modo geral, a textura é ditada pela firmeza da polpa, estando a firmeza diretamente correlacionada ao teor de pectinas presentes nos tecidos (CHITARRA; CHITARRA, 2005).

9.2.3 Coloração

É um atributo de qualidade que varia intensamente com a espécie e mesmo entre as cultivares, podendo ter variação no espetro de cor. Pode ser laranja, como na cenoura; verde intenso, como na rúcula; e púrpura, como na beterraba.

Segundo Chitarra e Chitarra (2005), os três principais pigmentos que ocorrem nos vegetais são as clorofilas, carotenoides e antocianinas. Portanto, a coloração é resultado dos pigmentos clorofilas e carotenoides presentes nos cloroplastos e nos cromoplastos, bem como os fenólicos presentes nos vacúolos. As betalaínas formam um quarto grupo de pigmentos, sendo restrito a poucos produtos, como a beterraba.

Figura 2 – Coloração e medição da cor (konica minolta CR-410) de rúcula e beterraba produzida sob adubação verde, em Mossoró-RN, 2022

Fonte: Lino (2022)

9.3 COMPOSTOS BIOATIVOS

9.3.1 Vitamina C

A vitamina C está presente em quantidades pequenas nos alimentos, principalmente nas frutas e hortaliças, mas coadjuvantes na forma de cofatores de enzimas indispensáveis ao funcionamento do organismo. Sua ausência sistemática na dieta resulta, quase sempre, em crescimento e desenvolvimento deficientes e em outras perturbações orgânicas, configurando-se um quadro sintomatológico característico de carência (NELSON; COX, 2011). A vitamina C é considerada a mais importante vitamina na alimentação humana e mais de 90% desta vitamina da dieta humana provêm de frutas e hortaliças (MORAES *et al.*, 2010). Desempenha importantes funções no organismo, atuando como coenzima na biossíntese do colágeno, na proteção da membrana contra a peroxidação lipídica, na biossíntese de neurotransmissores, no metabolismo da tirosina, na biossíntese de carnitina, no metabolismo do colesterol e na absorção de ferro. Além disso, a vitamina C age como sequestrante de espécies reativas do oxigênio, formadas, em geral, durante o metabolismo normal das células, prevenindo o câncer e doenças cardiovasculares (CAMPOS *et al.*, 2008). É encontrada em diversos alimentos, entretanto sua maior quantidade é observada em frutos frescos, em especial: frutas cítricas, pimentão verde e tomate; já em menores quantidades em salsa, couve, rabanete e brócolis.

A orientação é ingerir diariamente 75 mg, no caso das mulheres; e 90 mg, homens. Assim, a adubação pode melhorar os teores de vitamina C por composição centesimal, já que esse teor é baixo na maioria das hortaliças, como apresentado na Tabela 2.

Tabela 2 – Composição centesimal de vitamina C das hortaliças em 100g de produto comestível

Hortaliça	mg/100g
Alface	15,6
Beterraba	3,6
Cebolinha	31,8
Cenoura	5,7
Coentro desidratado	40,8
Rabanete	9,6
Rúcula	46,3

Fonte: NEPAU/UNICAMP (2011)

9.3.2 Fenóis

Os compostos fenólicos, que se apresentam em frutas e hortaliças, são importantes não só em termos de qualidade, uma vez que influenciam aparência visual e sabor, mas também do ponto de vista terapêutico, já que estão associados à prevenção de diferentes doenças (BALASUNDRAM *et al.*, 2006). São considerados os antioxidantes mais abundantes na alimentação e a sua ingestão é, em média, 10 vezes maior que a da vitamina C e 100 vezes maior do que a de vitamina E ou carotenoides (CURIN; ANDRIANTSITOMAIMA, 2005). Os compostos fenólicos apresentam diversas funções biológicas, dentre as quais é possível citar a atividade antioxidante (MUSA *et al.*, 2015). Substâncias fenólicas apresentam funções fisiológicas importantes, uma vez que desempenham papel fundamental na prevenção de doenças crônicas degenerativas, além de exibirem propriedades antialérgicas, anti-inflamatórias, antimicrobianas e efeitos cardioprotetores e vasodilatadores (BALASUNDRAM *et al.*, 2006). Algumas pesquisas mostraram que os compostos fenólicos são os maiores responsáveis pela atividade antioxidante nos alimentos, e que a quantidade final de fenólicos totais encontrados nas frutas (maçã, limão, laranja, uva, morango e açaí) e vegetais (couve, rúcula, espinafre, cebola roxa e brócolis) pode ser influenciada por fatores externos e internos em relação às práticas de cultivo adotadas, origem geográfica, condições de colheita, manuseio, processo de armazenamento, estágio de crescimento, maturação e espécie. Arbos *et al.* (2010) observaram melhores teores desse componente em algumas hortaliças folhosas. A atividade antioxidante contra o radical livre DPPH foi na rúcula orgânica, almeirão orgânico, alface orgânica, rúcula convencional, almeirão convencional e alface convencional.

9.3.3 Flavonoides

Os flavonoides são compostos fenólicos e metabólitos secundários presentes em vegetais (BERNARDES *et al.*, 2010). Nutricionalmente são de grande importância ao organismo humano, pois estão relacionados com grande variedade de atividades biológicas, como ação anti-inflamatória e antioxidante, apresentando efeitos benéficos à saúde (PEREIRA; CARDOSO, 2013). Os flavonoides são pigmentos naturais presentes em vegetais que protegem o organismo de danos produzidos por agentes oxidantes, como os raios ultravioletas, poluição ambiental e substâncias químicas presentes nos alimentos. Dos compostos fenólicos, a maior parte está representada pelos flavonoides. São classificados em grupos pelo grau de oxidação da cadeia de três carbonos: as antocianinas, as flavonas, os flavonóis e as isoflavonas. A distribuição dos flavonoides nos vegetais depende de diversos fatores, de acordo com a família, bem como da variação das espécies e dos órgãos da planta. Geralmente, os flavonoides encontrados nas folhas podem ser de tipos e concentração diferentes daqueles presentes nas flores, nos galhos, raízes e frutos (MACHADO *et al.*, 2008).

9.3.4 Carotenoides

São pigmentos sintetizados durante o amadurecimento dos frutos (PERVEEN *et al.*, 2015), responsáveis pelas cores apelativas das frutas e vegetais e pela proteção dos organismos fotossintéticos dos danos causados pela luz excessiva. Estes pigmentos são lipossolúveis, de diferentes tonalidades de amarelos, laranjas, vermelhos, presentes em muitas frutas e vegetais. Atuam como pigmentos fotoprotetores na fotossíntese e como estabilizadores de membranas. Nos cromoplastos, eles são depositados na forma cristalina em tomates e cenouras ou como gotículas de óleo em manga e pimentão (KURZ *et al.*, 2008).

A coloração intensa característica de frutos de *Capsicum* (pimentão), segundo Menichini *et al.* (2009), ocorre devido ao conteúdo de carotenoides que são sintetizados, principalmente durante o amadurecimento dos frutos. Os carotenoides são pigmentos naturais responsáveis pela cor amarela, laranja ou vermelha de muitos alimentos, uma vez que a cor é o atributo que mais influencia na aceitação dos alimentos. Embora sejam micronutrientes, presentes em níveis muito baixos (microgramas por grama), os carotenoides estão entre os constituintes alimentícios mais importantes (RODRIGUEZ-AMAYA *et al.*, 2008), essenciais à vida, podendo ser encontrados em quase todos os organismos fotossintetizantes. Dentre os carotenoides encontrados nas hortaliças está a capsantina, que é o principal do *Capsicum annuum*, usada como corante, não só devido a sua cor, mas também ao aroma e propriedades antioxidantes que ajudam a prevenir o envelhecimento celular. Segundo Chitarra e Chitarra (2005), durante o amadurecimento dos frutos, esses pigmentos podem estar presentes, tornando-se visíveis com a degradação da clorofila, ou podem ser sintetizados simultaneamente com a sua degradação. Hornero-Méndez e Mínguez Mosquera (2000), analisando a acumulação de carotenoides nos cromoplastos de frutos de *Capsicum annuum* em processo de amadurecimento, observaram que, ao longo do amadurecimento do pimentão, houve redução na concentração de clorofila e aumento de 23 a 38 vezes na concentração de carotenoides, dependendo da cultivar.

9.4 RESULTADOS DE PESQUISAS

9.4.1 Frutos

Avaliando doses crescentes de composto orgânico em diferentes variedades de pimentão cultivadas em sistema orgânico, Leme (2012) observou que as variedades estudadas apresentaram teores de vitamina C diferentes de acordo com a dosagem da adubação, com valores que variaram de 62,41 a 86,53 mg 100 g^{-1}.

Em trabalho com híbridos de tomate submetidos a doses crescentes de composto orgânico, Nassur (2009) também encontrou grande variação nos teores de vitamina C, em que o híbrido máximo atingiu valores de 63,9 mg 100 g^{-1}. Por sua vez, Porto *et al.* (2016), avaliando a qualidade e atividade antioxidante de tomate cultivada sob diferentes fontes e doses de nitrogênio, observaram que o teor de ácido ascórbico em tomates Silvetty diminuíram com o aumento na concentração de N.

Avaliando pimenta da cultivar Kulai, Tan *et al.* (2012) observaram que tanto a concentração de compostos fenólicos quanto a capacidade antioxidante aumentaram durante o amadurecimento da cultivar, concluindo que a concentração dessas substâncias está intimamente ligada à capacidade antioxidante. Por outro lado, Conforti *et al.* (2007), trabalhando com pimentas da espécie *Capsicum annuum* var. acuminatum L., observaram que a concentração de compostos fenólicos e da capacidade antioxidante são maiores nos frutos verdes e reduzem à medida que amadurecem. Estes resultados são semelhantes aos encontrados por Menichini *et al.* (2009), que constataram que pimentas da cv. Habanero, quando maduras, possuem menor concentração de compostos fenólicos em comparação com os frutos verdes.

Scuracchio *et al.* (2012), quantificando os teores de flavonoides em pimentas do gênero *Capsicum* spp., encontraram valores de 95 mg 100 g^{-1} e 64,2 mg 100 g^{-1} na pimenta dedo-de-moça, madura e verde, respectivamente; para a pimenta Cambuci, os valores encontrados foram de 33,4 mg 100 g^{-1}.

9.4.2 Raízes e tubérculos

Em uma revisão com cenoura, Worthingon (2004) e Rembialkowska (2007) reportaram que uma variedade ou espécie de diferentes culturas orgânicas tem um maior teor de compostos fenólicos (+119%) e vitamina C (+29%), bem como de magnésio (+29%) e ferro (+21%). Ambrosano *et al.*

(2016), avaliando a transferência de nitrogênio no cultivo de tomate orgânico consorciado com adubo verde, constataram que 21,15% do nitrogênio presente nas folhas do tomateiro foram provenientes dos adubos verdes, feijão-de-porco, feijão-mungo e crotalária.

Avaliando o consórcio da cultura da beterraba com alface, Guerra *et al.* (2022) registraram os melhores índices pós-colheita da tuberosa quando adubaram o consórcio com as quantidades de biomassa dos adubos verdes, *M. aegyptia* e *C. procera* variando entre 20 e 55 t ha^{-1} e entre densidades populacionais de alface de 150 e 300 mil plantas por hectare. Os parâmetros de cor das raízes da beterraba roxo-vermelha (bem apreciada pelos consumidores) foram obtidos em quantidades dos adubos verdes entre 25 e 65 t ha^{-1} e entre densidades populacionais de alface de 280 e 300 mil plantas por hectare.

9.4.3 Folhosas

Utilizando os adubos verdes mucuna-preta, feijão-de-porco, além de crotalária composto orgânico, na produção comercial de alface e de repolho, Fontanétti *et al.* (2006) obtiveram cabeças comerciais de alface americana e de repolho com peso satisfatório para o mercado. Estudando as características, sólidos solúveis, acidez total e clorofila em função de tipos de adubos verdes, Barros Júnior *et al.* (2010a) observaram que o adubo verde jitirana proporcionou melhor qualidade de alface do que os demais adubos verdes estudados. A jitirana, quando comparada com o tratamento sem adubação, apresentou uma superioridade de 132,70%, 121,62% e 159,47%, respectivamente, para sólidos solúveis totais, acidez total e clorofila.

Guerra *et al.* (2022), estudando o consórcio de alface com beterraba utilizando adubos verdes, chegaram às seguintes conclusões: a cultura da alface apresentou os melhores índices pós-colheita quando submetida à fertilização com uma quantidade de biomassa de *M. aegyptia* e *C. procera* de 20 t ha^{-1} em densidades populacionais de alface variando entre 203 e 300 mil plantas por hectare. Por sua vez, Lino *et al.* (2023), determinando os índices pós-colheita de folhas de rúcula e de raízes de beterraba em consórcio sob misturas de biomassa de diferentes adubos verdes (jitirana e flor-de-seda) em diversas densidades populacionais de rúcula em duas estações de cultivos, em ambiente semiárido, concluíram que a rúcula apresentou os melhores índices pós-colheita quando adubada com as quantidades de biomassa dos adubos verdes de 20 e 65 t ha^{-1}, respectivamente, na densidade populacional de um milhão de plantas por hectare, enquanto a beterraba apresentou os melhores índices nas quantidades de biomassa dos adubos verdes de 65, 41, 36 e 40 t ha^{-1}, respectivamente, na densidade de rúcula de um milhão de plantas por hectare. Os melhores parâmetros de cor das raízes de beterraba foram obtidos com as quantidades de adubos verdes de 30 e 32 t ha^{-1}, respectivamente, na densidade de rúcula de 400 mil plantas por hectare.

9.5 CONSIDERAÇÕES FINAIS

A qualidade de um produto agrícola leva em consideração características objetivas ou subjetivas, sendo um fator determinante na aceitação do consumidor. Assim, a adubação verde constitui-se numa estratégia sustentável de manejo de fertilizantes para obtenção de alta produtividade e qualidade dos produtos das culturas. É por meio dela que se pode conhecer as funções fisiológicas individuais de cada nutriente e as características edafoclimáticas da produção que levará à tomada de decisões propícias que garantam a qualidade dos produtos agrícolas. Pesquisas futuras serão necessárias para o preenchimento de lacunas de conhecimentos incipientes sobre a relação da nutrição e qualidades de produtos obtidos em cultivos agrícolas.

Sabe-se que somente a alta qualidade de frutos produzidos, livres de pragas, doenças e de distúrbios fisiológicos, é capaz de conquistar novos mercados. Em todo o mundo, o uso de fertilizantes impulsionou a quantidade de calorias disponível per capita, mas as deficiências de micronutrientes permanecem generalizadas. De fato, há necessidade de se trabalhar melhor para prover uma dieta nutritiva. Por fim, promover uma adubação equilibrada com NPK e nutrientes secundários, recomendando a aplicação adequada de micronutrientes onde são requeridos, é de capital importância para o aumento da produção de frutos, hortaliças e legumes.

9.6 REFERÊNCIAS

ALMEIDA, D. L. *Contribuição da adubação orgânica para a fertilidade do solo*. 1991. 192f. Tese (Doutorado em Ciência do Solo) – Universidade Federal Rural do Rio de Janeiro, Seropédica, RJ, 1991.

AMBROSANO, E. J.; WUTKE, E. B.; SALGADO, G. C.; ROSSI, F.; DIAS, F. L. F.; TAVARES, S.; OTSUK, I. P. Caracterização de cultivares de mucuna quanto a produtividade de fitomassa, extração de nutrientes e seus efeitos nos atributos do solo. *Cadernos de Agroecologia*, v. 11, n. 2, p. 1-10, 2016.

ANDRADE, L. M. S.; BERTOLDI, M. C. Atitudes e motivações em relação ao consumo de alimentos orgânicos em Belo Horizonte - MG. *Brazilian Journal of Food Technology*, v. 4, p. 31-40, 2012.

ARBOS, K. A.; FREITAS, R. J. S.; STERTZ, S. C.; DORNA, M. F. Atividade antioxidante e teor de fenólicos totais em hortaliças orgânicas e convencionais. *Ciência e Tecnologia de Alimentos*, v. 30, n. 2, p. 501-506, 2010.

BALASUNDRAM, N.; SUNDRAM, K.; SAMMAN, S. Phenolic compounds in plants and agri-industrial by-products: Antioxidant activity, occurrence, and potential uses. *Food Chemistry*, v. 99, n. 1, p. 191-203, 2006.

BARROS JÚNIOR, A. P.; BEZERRA NETO, F.; SILVEIRA, L. M.; LINHARES, P. C. F.; MOREIRA, J. N.; LIMA, J. S. S.; SANTOS, E. C. S.; SILVA, E. O.; NUNES, M. C. C. Qualidade pós-colheita de alface em função de diferentes tipos e quantidades de adubos verdes. *Horticultura Brasileira*, v. 28, p. S1351-S1357, 2010a.

BARROS JÚNIOR, A. P.; BEZERRA NETO, F.; SILVEIRA, L. M.; LINHARES, P. C. F.; MOREIRA, J. N.; SILVA, E. O. Qualidade de coentro em função do uso de espécies espontâneas como adubos verdes em diferentes quantidades. 2010. *Horticultura Brasileira*, v. 28, p. S1358-S1362, 2010b.

BATISTA, C. M. F. *Adubação verde no sub-médio São Francisco*. Disponível em: http://www.agronline.com.br/artigos/artigo.php?id=40. Acesso em: 8 jan. 2008.

BERNARDES, N. R.; PESSANHA, F. F.; OLIVEIRA, D. B. Alimentos funcionais: uma breve revisão. *Ciência e Cultura*, v. 6, n. 2, p. 11-19, 2010.

CAMPOS, F. M.; MARTINO, H. S. D.; SABARENSE, C. M.; PINHEIRO-SANT'ANA, H. M. Estabilidade de compostos antioxidantes em hortaliças processadas: uma revisão. *Alimentos e Nutrição*, v. 19, n. 4, p. 481-490, 2008.

CHITARRA, M. I. F.; CHITARRA, A. B. *Pós-colheita de frutos e hortaliças*: fisiologia e manuseio. 2. ed. Lavras, MG: Ufla, 2005. 783p.

CONFORTI, F.; STATTI, G. A.; MENICHINI, F. Chemical and biological variability of hot pepper fruits (*Capsicum annuum* var. Acuminatum L.) in relation to maturity stage. *Food Chemistry*, v. 102, n. 4, p. 1096-1104, 2007.

COSTA, M. B. B. *Adubação verde no sul do Brasil*. 2. ed. Rio de Janeiro: ASPTA, 1993. 346p.

CURIN, Y.; ANDRIANTSITOHAIMA, R. Polyphenols as potencial therapeutical agents against cardiovascular diseases. *Pharmacol*, v. 57, p. 97-107, 2005.

FONTANÉTTI, A.; CARVALHO, G. J.; GOMESLA, A.; ALMEIDA, K.; MORAES, S. R. G.; TEIXEIRA, C. M. Adubação verde na produção orgânica de alface americana e repolho. *Horticultura Brasileira*, v. 24, n. 2, p. 146-150, 2006.

GÓES, S. B. *Desempenho agroeconômico de alface em função de quantidades de jitirana*. 2007. 85f. Dissertação (Mestrado em Fitotecnia) – Universidade Federal Rural do Semi-Árido, Mossoró, RN, 2007.

GUERRA, N. M.; SANTOS, E. C.; BEZERRA NETO, F.; LIMA, J. S. S.; PORTO, V. C. N.; LINO, V. A. S.; QUEIROGA, R. C. F. Post-harvest indices and color parameters in beet roots intercropped with lettuce under organic fertilization and population densities. *Food Science and Technology*, Campinas, v. 42, e05822, 2022.

HORNERO-MÉNDEZ, D.; MÍNGUEZ-MOSQUERA, M. I. Xanthophyll esterification accompanying carotenoid over accumulation in chromoplast of *Capsicum annuum* ripening fruits is a constitutive process and useful for ripeness index. *Journal of Agricultural and Food Chemistry*, v. 48, n. 5, p. 1617-1622, 2000.

KURZ, C.; CARLE, R.; SCHIEBER, A. HPLC-DAD-MS (n) characterisation of carotenoids from apricots and pumpkins for the evaluation of fruit product authenticity. *Food Chemistry*, v. 110, n. 2, p. 522-530, 2008.

LEME, S. C. *Qualidade pós-colheita de pimentões produzidos em sistema orgânico*. 2012. 117f. Tese (Doutorado em Ciência dos Alimentos) – Universidade Federal de Lavras, Lavras, MG, 2012.

LINO, V. A. S.; BEZERRA NETO, F.; SANTOS, E. C.; GUERRA, N. M.; LINO, F. K. K. S.; SILVA, J. P. P. *Post-harvest indexes and color parameters from arugula-beet intercrops under green manuring and density*. Mossoró, RN, 2023. (Dados não publicados).

MACHADO, H.; NAGEM, T. J.; PETERS, V. M.; FONSECA, C. S.; OLIVEIRA, T. T. Flavonoides e seu potencial terapêutico. *Boletim do Centro de Biologia da Reprodução*, v. 27, n. 1/2, p. 33-39, 2008.

MENICHINI, F.; TUNDIS, R.; BONESI, M.; LOIZZO, M. R.; CONFORTI, F.; STATTI, G.; CINDIO, B.; HOUGHTON, P. J.; MENICHINI, F. The influence of fruit ripening on the phytochemical content and biological activity of *Capsicum chinense* Jacq. cv. Habanero. *Food Chemistry*, v. 114, n. 2, p. 553-560, 2009.

MORAES, F. A.; COTA, A. M.; CAMPOS, F. M.; PINHEIRO-SANT'ANA, H. M. Perdas de vitamina C em hortaliças durante o armazenamento, preparo e distribuição em restaurantes. *Ciência e Saúde Coletiva*, v.15, n.1, p. 51-62, 2010.

MUSA, C. I.; WEBER, B.; GALINA, J.; LAGEMANN, C. A.; SOUZA, C. F. V.; OLIVEIRA, E. C. Teor de compostos bioativos em três cultivares de morangos cultivados em solo convencional no município de Bom Princípio/RS: sua importância para a saúde humana. *Caderno pedagógico*, v. 12, n. 1, p. 56-66, 2015.

NASSUR, R. C. M. R. *Qualidade pós-colheita de tomate tipo italiano produzido em sistema orgânico*. 2009. 101f. Dissertação (Mestrado em Ciências dos Alimentos) – Universidade Federal Lavras, Lavras, MG, 2009.

NELSON, D. L.; COX, M. M. *Princípios de bioquímica de Lehninger*. 5. ed. Porto Alegre: Artmed, 2011. 1274p.

PEREIRA, R. J.; CARDOSO, M. G. Metabólitos secundários vegetais e benefícios antioxidantes. *Journal of Biotechnology and Biodiversity*, v. 3, n. 4, p. 146-15, 2013.

PERVEEN, R.; SULERIA, H. A. R.; ANJUM, F. M.; BUTT, M. S.; PASHA, I.; AHMAD, S. Tomato (*Solanum Lycopersicum*) carotenoids and lycopenes chemistry; metabolism, absorption, nutrition, and allied health claims - A comprehensive review. *Critical Reviews in Food Science and Nutrition*, Madrid, v.7, n. 55, p. 919-929, 2015.

PORTO, J. S.; REBOUÇAS, T. N. H.; MORAES, M. O. B.; BOMFIM, M. B.; LEMOS, O. L.; LUZ, J. M. Q. Quality and antioxidant activity of tomato cultivated under different sources and doses of nitrogen. *Revista Caatinga*, v. 29, n. 4, p. 780-788, 2016.

REMBIALKOWSKA, E. Quality of plant products from organic agriculture. *Journal of the Science of Food and Agriculture*, v.87, p. 2757-2762, 2007.

RESENDE, J. T. V.; MARCHESE, A.; CAMARGO, L. K. P.; MARODIN, J. C.; CAMARGO, C. K.; MORALES, R. G. F. Produtividade e qualidade pós-colheita de cultivares de cebola em sistemas de cultivo orgânico e convencional. *Bragantia*, v. 69, n. 2, p. 305-311, 2010.

RODRIGUEZ-AMAYA, D. B.; KIMURA, M.; AMAYA-FARFAN, J. *Fontes brasileiras de carotenoides*: tabela brasileira de composição de carotenoides em alimentos. Brasília: MMA/SBF, 2008. 100 p.

SCURACCHIO, P. A.; VIEIRA, P. M.; PACHECO, G.; SYLOS, C. M. Fenólicos e flavonoides totais, ácido ascórbico e acidez em pimentas brasileiras. *In:* XXIII Congresso Brasileiro de Ciência e Tecnologia de Alimentos. *Resumo* [...]: Campinas-SP, 2012. Disponível em: http://anais.infobibos.com.br/cbcta/. Acesso em: 30 abr. 2022.

TAN, C. K.; ALI, Z. M.; ZAINAL, Z. Changes in ethylene production, carbohydrase activity and antioxidant status in pepper fruits during ripening. *Scientia Horticulturae*, v. 142, p. 23-31, 2012.

WORTHINGTON, V. Nutritional quality of organic versus conventional fruits, vegetables, and grains. *The Journal of Alternative and Complementary Medicine*, v. 7, n. 2, p. 161-173, 2004.

Capítulo 10

CONSIDERAÇÕES GERAIS

Luis Antonio Bittar Venturi

O livro que acabamos de apresentar vem concretizar esforços de pesquisas de caráter autóctone, trazendo soluções para a produção agrícola muito bem adaptadas tanto ao ambiente semiárido como também ao agricultor nordestino. Com muito rigor científico, este livro mostrou como é possível desenvolver, de forma social e ambientalmente sustentável, uma agricultura que, de fato, seja um fator de desenvolvimento local e regional, que promova o bem-estar das famílias, o conhecimento e a preservação das características do ambiente e, sobretudo, de forma simples e autônoma, independentemente de soluções, tecnologias e recursos milagrosos.

O aumento sustentável da produção de alimentos para atender a crescente demanda decorrente do aumento da população regional passa necessariamente pela correção da fertilidade dos solos com técnicas amigáveis ao ambiente, como o uso da adubação verde.

As espécies vegetais selecionadas como adubos verdes são plantas espontâneas nativas ou adaptadas ao bioma Caatinga, como a jitirana, flor-de-seda e mata-pasto, plantas consideradas potencialmente adubadeiras e que têm proporcionado às mais diversas culturas alimentares um expressivo aumento de seus potenciais produtivos. É possível verificar o desempenho dessas espécies espontâneas nos mais diversos sistemas de cultivo, seja ele monocultivo ou cultivo consorciado, com um aumento de 20-50% na produção dessas culturas em relação ao sistema convencional utilizado. No entanto, os efeitos benéficos dessa prática de cultivo no rendimento variam de cultura para cultura.

Esses adubos verdes possuem características que proporcionam aumento do teor de matéria orgânica no solo (especialmente em solos do semiárido, onde os teores de matéria orgânica são baixos ou muito baixos), incrementam os teores de nutrientes do solo de forma equilibrada, diminuem a compactação do solo, aumentam a disponibilidade de água do solo para as plantas e aumenta a atividade biológica e microbiológica.

Além disso, durante sua decomposição, algumas substâncias liberadas podem atuar no controle de fitopatógenos do solo, enquanto outras podem favorecer determinados grupos de microrganismos benéficos do solo, os quais podem atuar como atenuantes de estresses bióticos e abióticos.

Para a obtenção dos efeitos desejados da adubação verde, é necessário conhecer os processos e fatores que interferem nas taxas de decomposição. A velocidade da liberação de nutrientes dos adubos verdes para a solução do solo depende das taxas de decomposição dos processos de mineralização e imobilização. Esses processos são influenciados pelo tipo de solo, clima e composição química dos adubos verdes. Quando se deseja utilizar materiais vegetais como adubos verdes, ou seja, como fonte de nutrientes, é desejável que sua composição química (como baixa relação C/N) favoreça as taxas de decomposição e mineralização líquida. Baseado em resultados de análises, essa relação C/N tem variado de 20:1 a 36:1 nas espécies flor-de-seda (20:1), jitirana (25:1) e mata-pasto (36:1).

Portanto, mais que um fornecedor de nutrientes às plantas, os adubos verdes funcionam como condicionadores do solo, ativando diversos processos biológicos, melhorando seus atributos químicos, físicos e biológicos e, finalmente, produzindo um efeito tampão no solo.

Assim, a adubação verde é uma técnica de cultivo que, quando utilizada corretamente, promove a cobertura do solo, aumenta a umidade, a ciclagem de nutrientes e a dinâmica dos microrganismos no solo que ajudam a combater nematoides e doenças do solo, bem como a abrigar inimigos naturais a atraírem polinizadores e insetos benéficos como predadores de pragas. Este é o perfil da adubação verde, que utiliza espécies espontâneas do bioma Caatinga disponíveis na propriedade rural e de acesso fácil e manuseio para o pequeno produtor.

Assim, esperamos que este livro possa subsidiar cultivos mais sustentáveis e mais produtivos no semiárido, inaugurando uma nova fase produtiva que proporcione maior bem-estar aos produtores e maior conservação do ambiente.

SOBRE OS AUTORES

Daniel Duarte Pereira

Engenheiro Agrônomo, doutor em Recursos Naturais, MBA em Empreendedorismo e Inovação, Professor Associado IV/UFPB/CCA, Campus Areia. Ministra as Disciplinas de Gestão dos Recursos Naturais e Ambientais, Recursos Naturais Renováveis, Agroecologia, Ecologia do Semiárido, Floricultura e Paisagismo. Tem experiência nas áreas de Agronomia/Ecologia, atuando nos temas: Semiárido; Semiaridez; Semiárido Holandês; Desertificação; Manejo e Ecologia das Caatingas; Sistemas Agroflorestais; Recuperação de Áreas Degradadas; Análise Ambiental; Valoração Econômica de Recursos Ambientais; Adequação Ambiental de Propriedades e Projetos de Assentamento Rurais e Recuperação de Matas Ciliares. É autor dos livros *Plantas, prosa e poesia do semiárido* e *Mangas, malhadas e cercados: um semiárido que não se rende!* Tutor do PET AgroBio/UFPB.

Orcid: 0000-0002-0859-9463

Elizangela Cabral dos Santos

Graduação em Engenharia Agronômica pela Escola Superior de Agricultura de Mossoró – ESAM (2000), mestrado em Agronomia pela Universidade Federal da Paraíba – UFPB (2003) e doutorado em Fitotecnia pela Universidade Federal Rural do Semi-Árido (Ufersa). Professora adjunta na Ufersa. Tem experiência na área de Agronomia, com ênfase em Pós-Colheita, atuando principalmente nos seguintes temas: Fruticultura, Conservação e Produção Integrada.

Orcid: 0000-0002-7074-3147

Eulene Francisco da Silva

Professora Associada do Departamento de Ciências Agronômicas e Florestais da Universidade Federal Rural do Semi-Árido – Ufersa. Possui doutorado em Solos e Nutrição de Plantas (Fertilidade do solo e Matéria orgânica) pela Universidade Federal de Viçosa e pós-doutorado em Matéria Orgânica do Solo pela mesma Universidade. Tem experiência na área de Agronomia e Solos Florestais, com ênfase em Fertilidade do Solo, Matéria Orgânica do Solo e Pedologia.

Orcid: 0000-0002-9873-7953

Francisco Bezerra Neto

Possui pós-doutorado em Produção Vegetal, é doutor (PhD) em Agronomy and Plant Genetics e mestre em Fitotecnia, graduado em Engenharia Agronômica, professor titular do Departamento de Ciências Agronômicas e Florestais, docente do curso de graduação em Engenharia Agronômica e do Programa de Pós-Graduação em Fitotecnia da Universidade Federal Rural do Semi-Árido (Ufersa). É autor de livro, capítulo de livro e artigos científicos. É avaliador de Programas de Pós-Graduação Stricto Sensu da Coordenação de Aperfeiçoamento de Pessoal de Nível Superior (Capes) e de diversos periódicos nacionais e internacionais. Atualmente, tem como foco de pesquisa o uso de fertilizantes orgânicos na produção, rentabilidade e qualidade pós-colheita de hortaliças tuberosas e folhosas em ambiente semiárido.

Orcid: 0000-0001-9622-206X

Francisco Nildo da Silva

Professor associado do Instituto de Desenvolvimento Rural da Universidade da Integração Internacional da Lusofonia Afro-Brasileira (Unilab), com doutorado-sanduíche na Universidade Federal de Lavras (Ufla) e University of California – USA. Autor de diversos capítulos de livros, entre eles *Development and Uses of Biofortified Agricultural Products* (CRC Press, 2008) e *Geodiversidade do Rio Grande do Norte* (CPRM, 2010), e coautor do artigo "Microbial community and heavy metals content in soil along the Curu River in Ceará, Brazil" (Geoderma, 2018). Foi diretor do Instituto de Desenvolvimento Rural – Unilab. Com experiência na área de Ciências Agrárias, com ênfase em Solos, atua principalmente nos seguintes temas: Pedologia (levantamento do solo) e Adubação (poluição do solo).

Orcid: 0000-0003-3276-3734

Gardênia Silvana de Oliveira Rodrigues

Professora do Técnico de Nível Médio em Agroecologia do Estado do Rio Grande do Norte. Possui graduação em Engenharia Agronômica pela Universidade Federal Rural do Semi-Árido – Ufersa, mestrado e doutorado em Fitotecnia pela Ufersa. Tem experiência na área de Agronomia; com ênfase em Agroecologia e Ciências Ambientais.

Orcid: 0000-0003-0980-5561

Jailma Suerda Silva de Lima

Professora Associada do Departamento de Ciências Agronômicas e Florestais da Universidade Federal Rural do Semi-Árido – Ufersa. Possui doutorado em Fitotecnia pela mesma Universidade. Tem experiência na área de Agronomia, com ênfase em Análises Estatística, Manejo e Tratos Culturais.

Orcid: 0000-0001-7584-592X

Jorge Luiz de Oliveira Cunha

Graduado em Administração de Empresa pela Universidade do Estado do Rio Grande do Norte – UERN (2005), especialista em Administração de Sistemas da Qualidade pela UERN (2008), mestre em Irrigação e Drenagem pela Universidade Federal Rural do Semi-Árido – Ufersa (2011), doutor em Manejo de Solo e Água pela Ufersa (2017), e pós-doutorando voluntário do Programa de Pós-Graduação em Fitotecnia da Ufersa (2022).

Orcid: 0009-0005-5350-4506

Josinaldo Lopes Araújo Rocha

Professor Associado do Departamento de Engenharia Agrícola da Universidade Federal de Campina Grande (UFCG). Possui mestrado e doutorado em Ciência do Solo pela Universidade Federal de Lavras (Ufla). Docente do curso de graduação em Engenharia Agrícola e de pós-graduação em Horticultura Tropical, ambos da UFCG. É autor de livros, capítulos de livros e artigos científicos. Atuou como avaliador de Programas de Pós-Graduação Stricto Sensu da Coordenação de Aperfeiçoamento de Pessoal de Nível Superior (Capes) e como revisor de diversos periódicos. Atualmente, suas pesquisas têm se concentrado na busca de fontes alternativas de nutrientes de plantas, aproveitamento de resíduos e melhor entendimento das interações solo-planta.

Orcid: 0000-0003-4669-6114

Juan Carlos de Souza Costa

Graduando em Agronomia na Universidade da Integração Internacional da Lusofonia Afro-Brasileira – Unilab. Atualmente, cursando o 5.º semestre, pesquisa sobre produção vegetal com ênfase em Agricultura Orgânica e Nutrição de Plantas.

Orcid: 0009-0007-4248-2174

Luis Antonio Bittar Venturi

Professor titular do Departamento de Geografia da Universidade de São Paulo (USP), onde também fez mestrado, doutorado e livre-docência. Autor de diversos livros, entre eles *Recursos naturais do Brasil* (Appris, 2021), *Water's flow of Peace* (Cambridge Scholars Publishing, 2020) e *Geografia – práticas de campo, laboratório e sala de aula* (Sarandi, 2011). Fez pós-doutorado na Universidade de Damasco (Síria) e na Universidade de Cambridge (Reino Unido). É avaliador do Ministério da Educação, Coordenação de Aperfeiçoamento de Pessoal de Nível Superior (Capes) e diversos periódicos.

Orcid: 0000-0001-9238-4248

Márcia Michelle de Queiroz Ambrósio

Professora titular do Departamento de Ciências Agronômicas e Florestais da Universidade Federal Rural do Semi-Árido – Ufersa. Possui doutorado em Agronomia (Proteção de Plantas) pela Universidade Estadual Paulista Júlio de Mesquita Filho – Unesp, e pós-doutorado em fitopatologia pela Universitat Politècnica de València, em València, Espanha. Tem experiência na área de Agronomia, com ênfase em Fitopatologia, atuando principalmente nos seguintes temas: Fungos Habitantes do Solo e Controle Alternativo de Fitopatógenos.

Orcid: 0000-0002-5033-9745

Renato Dantas Alencar

Professor efetivo do Instituto Federal de Educação Ciência e Tecnologia do Rio Grande do Norte, campus Apodi (IFRN). Engenheiro Agrônomo, possui mestrado e doutorado em Agronomia/Fitotecnia pela Universidade Federal Rural do Semi-Árido – Ufersa. Autor de livros como: *O gergelim e seu cultivo no semiárido brasileiro* e *Introdução à agroecologia*. Desenvolve projetos de pesquisa e extensão nas áreas de agroecologia, fruticultura, biocombustíveis, bovinocultura, caprinocultura e ovinocultura.

Orcid: 0000-0002-9039-3594

Sandra Sely Silveira Maia Silva

Empreendedora na área de Hortifruti Orgânicos. Doutora pela Universidade Federal de Lavras – Ufla, com mestrado e graduação pela Universidade Federal Rural do Semi-Árido – Ufersa. Tem experiência em áreas multidisciplinares e conhecimento em plantas medicinais, agricultura orgânica, meio ambiente, propagação de plantas, etnoconhecimento e alelopatia.

Orcid: 0009-0005-4068-0287

Sílvia Bezerra de Góes

Possui graduação em Agronomia e mestrado em Fitotecnia pela Universidade Federal Rural do Semi-Árido – Ufersa. Atualmente, é Analista Ambiental do Instituto Brasileiro do Meio Ambiente e dos Recursos Naturais Renováveis.

Orcid: 0009-0009-8319-9206

Vania Christina Nascimento Porto

Graduada em Agronomia pela Escola Superior de Agricultura de Mossoró, onde fez mestrado em Fitotecnia. Tem doutorado em Fitotecnia pela Universidade Federal Rural do Semi-Árido – Ufersa, onde é Professora Associada do Departamento de Engenharia e Ciências Ambientais e colaboradora do Programa de Pós-Graduação em Fitotecnia. Tem experiência na área de Agronomia, com ênfase em Agroecologia, coordena o Núcleo de Ensino, Pesquisa e Extensão em Agroecologia.

Orcid: 0000-0002-0352-0162

ÍNDICE REMISSIVO

F

H

I

J

K

L

M

N

O

P